文化インフォマティックス

文化インフォマティックス　遺伝子・人種・言語

ルイジ・ルカ・キャヴァリ=スフォルツァ　赤木昭夫　訳

産業図書

GENI, POPOLI E LINGUE

by Luigi Luca Cavalli-Sforza

はじめに

この本は人類の進化に関する研究を展望する。異なる多くの分野が、われわれの知見に貢献した。その知見とは、考古学、遺伝学、言語学にもとづく過去何十万年かの人類の歴史である。いまこの三分野は、幸いにして、新しいデータと新しい洞察とをつぎつぎに生み出しつつある。その成果はひとつの共通な物語へ収斂すると期待される。つまり、それらの背後にはただひとつの歴史が存在するに違いないのである。各分野にはまだ欠けるところがあるが、その穴はそれら諸学の総合によって埋められると思われる。またそれら以外の諸科学、文化人類学、人口学、経済学、生態学、社会学なども研究に加わって、解釈をすすめるための柱となりつつある。

もしこれらの多様な各分野の専門用語にたよらねばならないとすれば、人類の歴史と人類の進化の原因について、その研究成果を伝えることはできないだろう。科学の術語は正確さを保証し専門家間の交流の速度を高めるが、一般の人たちと専門家との間では障害になる。そこで私は術語の使用を最少限にとどめ、一般の人たちが知らない言葉や研究方法には説明をつけるように配慮した。

この本の翻訳版（フランス、イタリア、スペイン、ドイツ版）にたいする反響によると、ほとんどの読者は、本書で述べる科学の筋道を追うのに困難を感じなかったどころか、その学際性を味読することができた。

（進化もふくめ）歴史は科学ではないと、一部の人たちは主張する。その理由は、歴史の結果は再現不可能で、実験的な方法で確かめることができないからだという。しかし、同じひとつの現象を、異なる多くの角度から、つまり、多くの学問分野から研究することの価値として、それぞれから独立にデータが提供され、事実上独立の再現が得られる。それだからこそ学際的なアプローチが不可欠なのである。

この本での展望によって、ひとつの重要な結論が導き出される。人類の遺伝子レベルの進化といえども、ひろく技術の革新と文化の変化によって大きな影響を受けてきた。文化とは何世代にもわたる知識の蓄積にほかならないが、文化こそ人類と他の動物との間の主たる差異である（もちろん差異といっても、程度の問題である。というのは、動物も生涯を通じて学習し、将来の世代に知識を伝えるからである）。文化の伝達は重要な研究課題であるが、これまで不当に無視されてきたので、この本ではひとつの章（第六章）を文化伝達の問題にあてる。

本書のテーマは、大きな社会問題にたいし重大な意味合いをもっている。というのは、とくに人種偏見（レイシズム）が根拠のない誤りであることを明らかにしているからである。われわれを形成するにあたって遺伝が作用したのは確かであるが、われわれが生きている文化的な、社会的な、自然的な環境もまた同じように作用を及ぼしてきた。主たる遺伝的な差異は、各個人の間で見られるのであって、個体群（集団）、いわゆる人種（レイス）の間には存在しない。人種間の遺伝的な起源の差異は小さいだけでなく（最近の交通手段の高速化、移民、また文化交流によって急速に差異は小さくなりつつあるが）、それは表面的でしかなく、そのほとんどはわれわれが生きる気候にたいする適応に起因するものでしかない。さらにいえば、遺伝的差異と文化的差異、すなわち生まれと育ちとを区別するのは非常にむずかしいのである。

私が切望するのは、読者の皆さんが、期待通りの、あるいは期待しなかったまったく新しい知見を通じて、私と同じ知的な喜びを経験され、長く注意深く垣根を保たれてきた諸科学の間に、実に多くの一致点を見いだされることである。

英語版への謝辞

この本は多くの人たちに負っている。本書の最初の構想は、私が一九八一年と八九年にコレージュ・ド・フランスに招かれ一連の講義をしたところから始まった。コレージュはフランソア一世によって傲慢で後進的なソルボンヌに対抗するため創設され、すぐれた研究センターとなった素晴らしい研究教育機関である。ジャック・ルフィエのはからいで、私はノートを準備し、二度にわたり春のパリで一ヵ月を過ごし、講義するという楽しい機会を与えられた。一九九四年オディル・ジャコブが講義を新しい本のシリーズのうちの一冊として出版することに興味を示したので、私は三度目の書き直しに取り組んだ。イタリア語版は四度目の手入れの機会となった。私の学生であったマーク・セイエルスタッドは、フランス語版とイタリア語版の間にかなりの異同があったにもかかわらず、両書を使って英語訳を改善し、ハーヴァード大学へ提出する博士論文のため奮闘するなかで訳稿を完成させた。英語版の改訂を求められ、私はまた中身を新しくする誘惑に勝つことができなかった。これが五度目の書き直しになったが、すぐれた経験をもち、明晰さと厳密さと正確さを追求するイーサン・ノソウスキーによって編集された。そのための原稿書きで私を助けてくれたフィリス・メイバーグと、また編集者と私の間に立ってくれたブライアン・ブランチフィールドにも感謝する。

学際的なアプローチには他分野の専門家との協力が不可欠である。本書で述べられる研究の基礎をすえるにあたって、過去五十年間、多くの友人や同僚から助けを受けた。感謝の一端として、これまでの何十年かの主な協同研究について要約しておきたい。

一九四〇年代に私は細菌の遺伝の研究者として出発した。五〇年代はイタリアのパルマ大学で教え、焦点を次第に人類の集団遺伝学へ移していった。パルマでの私の研究の主テーマは進化における偶然の役割の研究であったが、当時それは軽視されていた分野であった。この問題にたいするひとつの明快な定量的な答を得る機会は、過去三世紀あまりに及ぶ人口記録を提供されたことで与えられた。その地域では、人口密度が肥沃な平野部では大きく、山間部ではいちじるしく小さかった。村落の規模や村落の間の人口の移動は、入手された教区の記録から推定できた。世代から世代へ遺伝子を伝える親の数が少ないと、偶然が、それぞれの村落における遺伝子の型の頻度に重要な変動を起こす。進化での偶然の効果は「遺伝的浮動（ドリフト）」というが、やや誤解をまねく。というのは、ドリフトは他の分野では事実上反対の意味を帯びているからである。この研究によって、人口統計をもとに村落間の遺伝的浮動による変化を予測できるようになり、その結果と地域の遺伝的変化とを比較できるようになった。この研究と、同時に並行して進められた研究、すなわち司教区文書から得られた血縁関係データの研究は、神父であり、かつては私の学生であり、いまはパルマ大学の生態学の教授であるアントニオ・モローニ、またかつては博士号取得済み研究者で、いまはパルマ大学の人類学の教授であるフランコ・コンテリオからの助言、情報、援助がなければ不可能だっただろう。

六〇年代に私はパヴィア大学へ移り、ケンブリッジ大学のアンソニー・エドワーズと協力して、人類の遺伝データの進化の樹を再現する方法を生みだした。その後アフリカのピグミーを研究し、七六年から八五年にかけて何回も現地調査に出掛けた。この研究では、当時ライデン大学教授であったマルチェロ・シニスカルコ、亡くなった人類学者のコリン・ターンブル、いまはヴァンクーヴァ大学教授のバリー・ヒュレットたちとの協同研究から多くを得た。われわれの研究は、私の編集で一九八六年に『アフリカ・ピグミー』として出版された。

人類の集団遺伝学の研究では、多くの分野と接した結果、他の分野の研究者の助けによってはじめて研究がますます盛んになることが、間もなく明らかになった。一九七一年に私はスタンフォード大学へ移り、いまはコルゲート大学にいる人類学者のアルバート・アムマーマンと協力して、中近東からヨーロッパへの新石器時代の農業の拡大において、起源から北西へ向けて、農業技術が伝播したのか、それとも農民自身が移動したのか、という問題に取り組んだ。一九七七年に遺伝地理学の研究を、パルマ大学の生態学の教授のパオロ・メノッツイと、トリノ大学の人類遺伝学教授のアルベルト・ピアッツアと協力して始めた。その目的は右記の問題に答を出すためであったが、答の鍵を得ることができた。最終的にこの研究方法は世界全体へ拡張され、一九九四年プリンストン大学出版局から『人類の遺伝子の歴史と地理（ヒストリー・アンド・ジオグラフィー・オブ・ヒューマン・ジェネティックス）』として出版された。以下ではHGHGと略記するが、この本をもとに本書の第五章までの提言がなされている。

七〇年代と八〇年代の初めにかけて私は文化的進化の研究に多くの時間を捧げた。主としてそれは、アフリカ・ピグミーの観察からの個人的な深い関心に答えるためであった。文化の伝達と進化の研究では、スタンフォード大学の生物学教授のマーカス・フェルドマンとの協力から多くを得た。言語の進化への応用は、感謝すべきことにサンフランシスコ地区の言語学者たち、カリフォルニア大学バークレイ校のビル・ワング、スタンフォード大学のジョゼフ・グリンバーグやメリット・ルーレンとの交流によって可能になった。

七〇年代の末から八〇年代の初めにかけて、Y・W・カン、デイヴィッド・ボトシュテイン、ロナルド・デイヴィス、マーク・スコルニク、レイ・ホワイトたちによる発展の可能性にみちた成果によって、遺伝物質であるDNAの化学的分析が現実のものになった。遺伝の基本単位である遺伝子は、それまではその生産物である主としてタンパク質を通じて解釈されていた。これ以後DNAの変化を直接的に研究することが可能になり、最終的に非常に容易になった。

その最初の研究で対象となったのは、どの細胞にもある小さな器官で、母親から子孫へ伝えられるミトコンドリアのＤＮＡであった。これについて私は、ダグ・ウオーレスと彼のまわりの学生たちとともに研究した。亡くなったが、バークレイのアラン・ウイルソンによって、現在の人類はアフリカで出現し、そこから世界全体へひろがったという重要な証拠が初めて与えられた。いまではこのわれわれの研究は、男性だけに存在し、父から息子へ伝えられるＹ染色体によっても叶えられるようになった。私の研究室のピーター・アンダーヒルと、ロン・デイヴィスの研究室のピーター・オフナーが協力し、ＤＮＡの変化を見つけるすぐれた方法を開発したことは、私にとってきわめて幸運であった。彼らがもたらしたＹ染色体の変異の新しい系統は、現在の人類への進化の歴史を理解する上で非常に助けになった。いまではこの研究は急速に進みつつある。

すでに得られた成果から、現代の人類をいまのようにあらしめているアフリカからのひろがりと移動について、ひとつの鮮明な描像が浮かんでくることが約束される。それは考えていたよりも、はるかに最近の出来事であったように思われる。このような短い期間では大きな差異を生みだすのは不可能であり、われわれが異なる大陸の人々の間に感ずる表面的な人種的差異はまさに表面的なものにすぎないことを、はっきりと信じさせてくれる。

目次

はじめに 1
第一章　遺伝子と歴史 1
第二章　森のなかの散歩 39
第三章　アダムとイヴ 69
第四章　遺伝子と技術革新の地理 113
第五章　遺伝子と言語 165

目　次

第六章　文化の伝達と進化　215
訳者あとがき　257
参考文献　267
索　引　273

第一章　遺伝子と歴史

皇帝の誇り

イタリア文学の巨匠としてのダンテ・アリギエリの名声のため、彼以後のすべてのイタリアの詩人も作家も影が薄くなった。だが、ダンテだけがイタリアの偉大な詩人ではなかった。ほかにもペトラルカ、アリオスト、レオパルディのような詩人がいた。イタリア以外ではレオパルディがもっとも知られていないが、彼は才能にめぐまれた詩人であり、また注目すべき哲学者であった。

最近私は彼の戯曲『コペルニクス』を読み直したが、その内容はなお現在にもあてはまり、洞察に富んでいる。登場するのは太陽、一日の最初の時間、最後の時間、そしてコペルニクスである。幕開きで太陽が、地球のまわりを毎日回転するのに飽きたと最初の時間に打ち明け、重荷の一部を地球に背負ってくれと要求する。それが実現しそうなことに気づいて最初の時間は、太陽の退役は大波瀾をもたらすと指摘する。だが、太陽の意志は固く、差し迫った変化を地球の哲学者たちに伝えようと主張する。というのは、地球の哲学者たちは、善悪を問わず、何であれ人間たちを信じ込ませることができると、太陽は思っていたからである。第二幕では、すでに太陽は要求を実現してしまっている。太陽が昇ってこないのに驚いたコペルニクスが、その原因を調べにかかる。だが、彼と最後の時間が呼び出され太陽の提議を聞かされた途端に、彼は調べをやめる。太陽は地球にたいして、宇宙の中心であることを放棄し、太陽のまわりを回転せねばならないというのであった。哲学者たちといえども、それを地球に信じさせるのはむずかしいと、コペルニクスは考える。とにかく地球もその住人たちも宇宙の中心という自分たちの位置に馴れ親しみ、「皇帝の誇り」を抱いていた。そこへもってきて、このような大変化が起これば、その影響は物理的なだけで終わらず、社会的な、また哲学的な結果をもたらす。人間の生活のもっとも基本的な前提すらもひっくり返ってしまう。それでも太陽は、暮らしはつづき、貴族も皇帝も自分たちの重要性を信じつづけ、彼らの権力はいささかも損なわれないと言い張る。そこでさらにコペルニクスは反論する。銀河が回転をはじめ、地球以外の惑星がかつての地球のような中心的位置を要求し、星たちすらも反対するかもしれず、結局最後には太陽は重要でなくなり別の軌道を見つけねばならなくなるというのであった。それでも太陽はただ休みたいと望み、コペルニクスの最終的な恐れ——異端として焼かれる恐れ——を静めようとして、自分の本を法王に献呈すれば、そうした運命は避けられると語りかけるのだった。

コペルニクスについてレオパルディが書いたときは、有利なことに、コペルニクスより数世紀後のことであった。レオパルディは、コペルニクス、ジョルダーノ・ブルーノ、そしてガリレオにたいし何が起こったかを知っていた。だが、われわれは、現代の科学の問題点を考えるにあたって、レオパルディのような優位をもっていない。いかなる現代の理論も、いつ修正され破棄されるかわからない。すべての仮説は確認され、あるいは排除されるからこそ、確かに科学は進歩する。それが正しいことは、科学論文で使われる非常に多くの条件法によって強調されている。私の著作のひとつの翻訳を直しながら私は、私の条件文がすべて直接法に変えられている――私の安全保障が除かれているのを見て、恐怖に襲われた。学会誌のため論文を書くとき、多くの言明がそのまま支持されるわけではないことを、われわれは弁えている。これは一般の人々には、科学は無謬ではないかと、奇妙に思われるかもしれない。究極的には宗教しか確かさを要求できない。つまり、宗教ごとに答が異なることにごく一部の信者はとまどいを感じながらも、信仰だけが懐疑から免疫なのである。科学のなかで数学だけが懐疑の余地を与えない唯一の例外と思うかもしれない。だが、数学の結論は経験法則には達成できない確実さをもつといっても、それもまたトートロジー(同義反復)である点で何ら新しくないことを、哲学者たちは見いだしている。

『コペルニクス』によって想起されるのは、われわれの人種にたいする態度や人種偏見である。それぞれ人類集団は、みずからが世界で最優秀と信じている。僅かな例外を別にすると、人々は自分が生まれた小宇宙（ミクロコスモス）を愛し、そこから離れたがらない。白人種にとって最高の文化はヨーロッパ文化である。最優秀の人種は白人（フランスではフランス人、イギリスではイギリス人）である。だが、中国人はどう考えているだろうか。日本人はどうか。現代の移民は普通の暮らしができるならば、彼らのほとんどは母国へもどらないだろうか。

確かに、レオパルディが見ていたように、より変わるものほど、より同じままでありつづける。高貴な家族も、あるいは金持ちの家族も消長が激しいが――権力の交代はますます激しくなったが――権力構造そのものはごく僅かしか変化しない。ローマ帝国はヨーロッパの多くの国々よりも長命だったが、それでも五世紀あまりつづいたにすぎない。インカ帝国の大きさはほぼ同じであったが、一世紀しか続かなかった。ローマ帝国に先立っていくつかの海洋国家――ギリシア、フェニキア、カルタゴが地中海沿岸へ植民した。同じ頃ヨーロッパの内陸部では、ケルトの王たちがヨーロッパで覇権を確立していた。紀元前千年間の後半、ケルトの封建国家と地中海の国家とは、たがいに商業的に、言語的に、また文化的に結びつけられていたが、政治的にはばらばらであった。

最後に彼らはローマ人たちの掌中に落ちた。ローマ人たちはヨーロパ初の政治的に統合された文化を生みだした。だが、その文化も東からの「野蛮な」侵入者によって倒されてしまった。野蛮人たちが栄え、ローマ帝国の東半分――ビザンチン帝国だけが中世まで残った。西では紀元後八〇〇年にカルル大帝が神聖ローマ帝国をつくった。これはフランクの政治的発展の頂点で、フランス、ドイツ、イタリアとスペインの一部が、短期間であったが、再統合された。一〇〇〇年以降フランクの権力はドイツと、一部は法王へ移った。ただし、法王庁と帝国とはしばしば争った。十四世紀には神聖ローマ帝国は政治的な重要性をまったく失い、オーストリア皇帝が一八〇六年まで神聖ローマ帝国皇帝の名前を継承した。一〇〇〇年から一五〇〇年にかけていくつかのヨーロッパ国家がつくられ、あるいは連合した。それらの間でしばしば戦争がくりひろげられたが、ナポレオンが現れるまで誰もヨーロッパの大半を征服できなかった。海洋をわたることができる船がつくられるようになると、ヨーロッパの陸海軍は覇権を世界の他の地域までひろげようと試み、他の大陸の富を得ようと競い合った。ポルトガル、スペイン、イギリス、オランダ、フランス、そしてロシアが海外にも帝国をつくり、それらは二十世紀まで保たれたが、ヨーロッパの歴史を通じて、五世紀以上長くつづいた国はなかった。ナポレオンはまたたくまにヨーロッパ大陸を征服したが、彼の統治は一〇年とは続かなかった。

中国帝国は紀元前三世紀にはじまり、多くの王朝のもとで変遷をくぐりぬけてきたが、それでも四世紀とつづいた王朝はなかった。いくつかの困難な時代を経たあと中国は、十三世紀に蒙古人の手に落ちた。それから百年後に明が中国の支配を回復し、三百年間つづいた。つぎに別の夷狄の王朝である清が数世紀にわたり支配し、二十世紀までつづいた。これと同じ形態がどの大陸、あるいは亜大陸でも見られた。

繁栄のさなかでは必ず国家的な誇りは熱を帯びた。自分たちが強いと感ずるとき、「われわれが最優秀だ」というのはたやすいことであった。だが、普通とちがった起源から力が生まれることもある。少数の指導者や小さな集団の賢明な決断と抜け目ない政治的行動によって、しばしば永続的な国家が生まれる。残忍な統治さえもが、ときに繁栄の時代をもたらすことができる。政治権力の獲得には暴力を要する場合が多いが、必ずしもそれは物理的暴力とは限らない。有利な外部条件によって、一時的であるにせよ、安定が維持されることがある。権力を責任をもってたくみに行使する政治家と、同じような能力の後継者と交代させるのはむずかしい。幸せで繁栄する時代において、人々は自分たちの成功が自分たちのすぐれた性質によるのであり、自分たちの「人種」に固有の性質が自分たちを偉大にさせたと信じ込むことができる。自分たちが不死身だという幻想は、歴史の教訓のすべてを無視する。自己批判は少なく、消失しやすく、ものごとがうまくいっているときは、それに耳を貸す者もいない。

人種偏見をもっとも簡潔に定義したのは、おそらくクロード・レヴィ＝シュトラウスだろう。ある人種（通常は自分が属する人種だが、常にそうだとは限らない）が生物的に優れている――すぐれた遺伝子、染色体、DNAによって他にたいする優位性を与えられているという信念が人種偏見であると、彼は定義した。いまこれに該当するのがアメリカである。海外からアメリカへ電話するとき、最初にダイヤルの一を押さねばならないのは、まったくの偶然ではない。

いつの時代にも、あるひとつの人種が支配的であるだろう。だが、かつては多くの国家がそうであったし、またすぐ将来そうなるだろう。もちろん必ずしも優れていなくても、自分たちを優れていると思い込むことは可能である。限られた成功であっても、他にたいして力を誇示することができる。そうした優位は生物的に決定されると、多くの人々が信じ込んでいる。

人種偏見のさまざまな源

ほとんどの社会がそれなりの理屈を見つけ、少なくともある特定の分野では、自分たちが優れていると考えることができる。絵を描くこと、サッカー、チェス、あるいは料理であれ、多くの場合、あるひとつの分野での能力だけで、どんな人々にも実力以上の重要性を吹き込むのに充分である。

個人的なまた文化的な影響を受けている人々の日常行動は、自分たちの習慣と、しばしば大きく異なる外国の習慣との表面的な比較によってみちあふれている。そうした違いの源を知らなくても、違いが存在し得るという単なる事実だけで、恐怖や嫌悪をいだかせるのに充分である。現状に不満であっても、人間の生来の性質からして変化を歓迎しない。おそらくこうした習慣への拘泥と改良にたいする恐れが保守主義を鼓舞し、それが人種偏見をもたらす。

人々や国家の間に差異があるのは疑いの余地がない。言語、皮膚の色、感覚（とくに味覚）、そして挨拶にいたるまで、文化ごとにそれぞれ違い、ほかの者たちは本質的に異なると信じ込ませる。自分たちの方式が最良で、他は最悪だと結論するのが普通である。ギリシア人にとって、ギリシア語を話さない者は、すべて野蛮人であった。自国の生活に不満で移民するとき、もちろん人々は別の地域や別の大陸での不確かさや風変わりな生活条件にたいして、より許容的になるかもしれない。新しい事柄を学ぶ必要性さえも受け入れるかもしれない。だが、一般的にいって人々は生まれたときの殻のほうを好み、馴れたものを捨てることを恐れる。

これら以外に多くの要素が人種偏見主義的な感情を育てる。そのなかでもっとも重大なのは、自分たちの不幸を他にも及ぼそうとする欲望である。皆が知っているように、現代社会における自己疎外はしばしば焦燥や怒りの大きな原因になる。そうした感情は、失業の恐れ、非人間的行為の強制、貧困や不公正を見せつけられ、あるいは体験させられることで、また莫大な富が少数の者に限られることにたいする羨望から生ずる無力感によって惹起される。誰もが、強者の犠牲になったと感じている者ですらが、社会の梯子で下にある者にたいし権威をふりかざすことが可能である。貧しい者は必ず自分よりも貧しい者を見つけることができる。

これらの要素のすべてによって人種偏見はひろくひろがっている。平和で治安が安定している間はそれほど表面化しないが、貧しい国々からの大量の移民にたいする敵意によって激化する。

人種偏見に科学的根拠があるか

人種偏見が非難されねばならないのは、その影響が道徳的に有害だからである。現代のほとんどの宗教と倫理体系が人種偏見を批判している。だが、果たしてわれわれは優れた人種の存在の可能性を排除できるだろうか。社会的に意味のある遺伝的な差異を人種間に見いだすことができるだろうか。ある程度まで遺伝子に依存する特徴、皮膚の色、眼の形、髪の毛、顔の形、体型などから、人類集団の間には確かにいくつかの明瞭な差異が存在する。これらの特徴は人種偏見を科学的に正当化するだろうか。これら以外にも差異は存在するだろうか。

まずわれわれは、研究すべき変異の性質を定めねばならない。それによって、人種という言葉が何を意味するかがわかり、どの集団を調べるべきかがきまり、人種間の差異とは何かを教えてくれるだろう。

生物的変異と文化的変異

ほとんどの人々が生物的遺伝と文化的遺伝を区別しない。そのことをわれわれは認めねばならない。しばしばその区別を認めるのは困難である。人種的差異の原因は、あるときは生物的なものであり（遺伝的なものともいうが、ＤＮＡに起因することを意味する）、またあるときは他人から学習した行動的なものであり（これが文化的原因である）、さらに場合によって両要素がからんでいる。遺伝的に決まる特徴は長期にわたってきわめて安定である。それに反して社会的に決定された、つまり、学習された行動は急速に変化していく。すでに述べたように、人種を区別するのに使う視覚的特徴として、集団間には明瞭な生物的な差異が存在する。もしこれらの遺伝的差異が真に重要であり、ひとつの集団が他の集団よりも優秀であるという感覚を支持できるならば、人種偏見は――少なくとも論理的には正当化される。このような遺伝的な、つまり生物的な人種偏見の定義のほうが叶っていると私は思う。一部の者たちは人種偏見主義者の判断の範囲をひろげ、集団間のどんな差異であれ、もっとも表面的な文化的な特徴すらも含めようとする。このような広い定義の唯一の利点は、ある特徴に遺伝的要素が存在するかどうかを決めるむずかしさを避けられることである。とはいえ、ある人が他人の大声、音を立てて食べること、服の趣味、おかしな発音に反感を抱くからといって、人種偏見を云々するのは妥当とは思われない。この種の不寛容は、ある国々、あるいはある社会階級では普通のことであるが、根の深い本格的な人種偏見にくらべて、はるかに容易に教育により矯正し抑制できるように思われる。

目に見える変異と隠れている変異

われわれの祖先に強い印象を与え、なおこんにちも多くの人々を煩わせる人種間の差異は、皮膚の色、眼の形、髪の毛、体や顔の形、要するに一目で個人の起源を決められるような特徴である。混血を別にすると、もっともよく知っている標準型を挙げることによって、ヨーロッパ人、アフリカ人、アジア人とを容易に区別できる。これらの特徴の多くは――大陸それぞれにおいてほぼ一様であり、「純粋な」人種が存在し、人種間の差異が発現しているといった印象をわれわれに与える。これらの特徴の一部は遺伝的に決定される。皮膚の色と体の大きさは遺伝的影響をうけることが少ない。というのは、太陽に曝されること、また食事によっても違ってくるからである。だが、そこには遺伝的要素が介在し、それが重要となることもあり得る。

これらの特徴がわれわれに大きく影響するのは、それらをわれわれは容易に認識できるからである。それらの原因は何か。それらが生じたのは人類の進化のなかでもごく最近のことであるのは、ほとんど確実である。「現代の」人類（現生人類）、すなわちわれわれとほとんど区別できない初期の人類が、はじめてアフリカに現れ、人口がふえ、他の大陸へもひろがりはじめた時代に、それらの特徴は生じたのである。その証拠と詳細については、あとで論ずる。ここで注意すべきは、このアフリカ人の世界への分散によって、彼らが多様な環境に、すなわち高温多湿、高温乾燥（これにはすでに適応済みだった）、温暖、世界でもっとも冷たいシベリアもふくむ寒冷などに曝されたことである。それがもたらした結果を段階的に追うことができる。

（一）　新しい環境に曝されて、必然的にそれに適応しなければならなかった。アフリカからの分散から五万～一〇万年の間、文化的にもまた生物的にも、かなりの適応の機会がつづいた。生物的な適応の跡を、皮膚の色、鼻、眼、頭、体の大きさと形などに見ることができる。各民族集団は、定着したところの環境の影響のもとで遺伝的に操作されたといっても構わない。黒い皮膚の色は、赤道近くに住む者たちを、命をおびやかす皮膚癌を起こす太陽からの紫外線から守った。乳製品が乏しかったヨーロッパの農民は、ビタミンDが欠けた穀物にもっぱら依存していたから、くる病に冒されたかもしれない（われわれが飲む牛乳でもビタミンDの強化が必要である）。だが、彼らは中東から高緯度地方へ移住したあとも生き延びたのは、必要なビタミンを太陽の光の助けを得て穀物中の前駆体からつくることができたからである。そのためヨーロッパ人は皮膚の白さを獲得し、太陽の紫外線が進入して前駆体をビタミンDへ変えることを可能にした。平均して北で生まれるほどヨーロッパ人は肌が白いのは、道理にかなっていた。

体の大きさと形は、気温と湿度に適応するものであった。熱帯の森林地帯のような高温多湿の気候のもとでは、背が低いほうが有利である。というのは、体の体積にたいし表面積がひろく、汗を蒸発させやすかったからである。また体が小さいほうがエネルギー消費が少なく、それだけ発熱量も少なくて済んだ。ちぢれた髪によって汗が頭皮の上に長くとどまり、冷却をよりうながすことができた。そうした適応によって、熱帯の気候のもとで過熱の危険が低減された。ピグミーは極端な例だが、熱帯の森林に住む集団は一般的に背が低い。他方モンゴル人の顔や体は、シベリアの寒冷さへの適応によってもたらされた。体、とくに頭は丸みを帯びているが、それは体の体積を大きくするためであった。その結果、蒸発のための皮膚の表面積が体積にくらべせまくなり、熱が失われるのを抑えた。鼻が小さいから凍ることが少なく、鼻腔がせまく、空気が肺へとどくまでに温められた。眼は脂肪質のひだによって、シベリアの冷気から守られた。しばしばこの種の眼は美しいと思われた。チャールズ・ダーウインも、人種の差異は個人の特異な好みから生じたのではないかと考えたほどである。婚姻の相手は魅力的な性質によって選ばれるという考えを、ダーウインは「性淘汰」と呼んだ。確かにいくつかの特徴、たとえば眼の色や形が性淘汰を受けるのは、非常にありそうなことである。だが、アジア的な眼の形がアジアでのみ尊ばれたのではない。もし他の地域でも尊ばれたとすれば、なぜ世界の他の地域ではそれが見られないのか。もちろんそれは南アフリカのブッシュマンの特徴でもあり、他のアフリカ人も目尻がつりあがっている。おそらく性淘汰によって、それは北東アジアから、まったく寒くない東南アジアへひろがったのだろう。またこの特徴は人類の進化の過程で何度も生じた可能性がある。人種間の差異を生みだす上で何よりも気候的要素がもっとも重要だとするならば、副理由の候補として性淘汰は無視すべきではないだろう。だが、残念ながらこれらの適応の遺伝的基礎はわかっていない。というのは、それらの特徴はどれも非常に複雑だからである。好みが地域によってかなり異なることが、事柄をさらに複雑にしている。

(二)　それぞれの集団が住む地域のなかでは気候にはほとんど差異がないが、地球全体の気候の間には大きな差異が存在する。したがって、気候にたいする適応によって、気候的に同質の地域では遺伝的に同質の集団を、そして気候の異なる地域では遺伝的に非常に異なる集団を生みだしたに違いない。

そこでつぎに、右記のような生物的な適応を生みだすのに足るだけの時間が、各大陸に定着してから経過しているかどうかが問題になる。淘汰の度は非常に強かったから、おそらく答は「イエス」である。この点に関してわれわれは、少なくとも二千年間中央ないし東ヨーロッパに住んでいたアシュケナジーム系のユダヤ人は、少なくともほぼ同じ期間にわたり地中海周辺に住んでいたセファルディム系のユダヤ人よりも、はるかに白い肌をもつことを認めることができる。これは自然淘汰のひとつの例でもあり得るが、近くの集団との遺伝子の交換の結果かもしれない。入手されたいくつかの遺伝子に関する情報は、第二の解釈を支持するが、自然淘汰の影響を否定するには、より信頼できる遺伝子データが必要である。

(三)　気候への適応は、もっぱら表面的な特徴に影響を与える。内部と外部との熱交換では、内部と外部との間のインタフェースがもっとも大きな役割を果たす。これが何を意味するかは、簡単な譬えで説明できる。あなたの家の冬の暖房、あるいは夏の冷房の費用を少なくしたければ、あなたは家の断熱を増すことで内と外との間の熱の流れを最小にしなければならない。それと同じで、それぞれの集団がそれぞれの気候に適応するため、体の表面積が大幅に変化したのである。

(四)　われわれは気候によって影響されたものとしての体の表面しか見ることができないが、それが比較的同質の集団を他の集団から区別するのに用いられる。そのためわれわれは、人種とは「純粋」（同質を意味する）であり、それぞれの人種はたがいに非常に異なるという、誤った考えにおちいるのである。「人種的純潔」を主張したゴビノーやその一派のような十九世紀の哲学者や政治学者の心情を説明するには、これ以外に理由を見つけることができない。この一派は、白人の成功は人種の優秀さによると信じ込んでいた。当時は表面の見える特徴しか研究できなかったから、純潔な人種の存在を想像してもおかしくはなかった。だが、現在のわれわれは、それが存在しないこと、それをでっちあげるのは不可能なことを知っている。部分的な「純潔」を得るのでさえも（高等な動物の集団では、遺伝的同質は自然のままでは決して生じないが）、少なくとも二〇世代の「近親交配（近親婚）」（何回もの兄弟姉妹婚、あるいは親と子の婚姻）を要するだろう。このような近親婚は健康と繁殖能力に重大な結果をもたらすから、きわめて少数の例外を除き、歴史を通じてこのような極端な近親婚が試みられたことはないと、確信をもって結論することができる。

ごく最近になってからだが、気候とは無関係の、隠れた変異を遺伝学によって慎重に調べ、確かめられたところによれば、均質の人種は存在しないのである。人種的純潔が自然には存在しないことは正しいだけでなく、それはまったく実現不可能であり、また望ましくもない。ただし、「クローン」は動物では実現されており、いまや人間もそれからそれほど遠くない状態にあるが、クローンによって「純潔な」人種をつくることができるというのは正しい。一卵性双生児は生きている人間のクローンの例である。だが、クローンによって人間を人工的につくるのは、生物的にも社会的にも、きわめて危険な結果をはらんでいる。

起源の大陸その他の尺度できまる人種間の変異は統計的に見て小さい。そのことを以下でわれわれは知るだろうが、人種の特徴はわれわれの感覚に影響を与え、人種の差異と純潔を感じさせる。だが、その感覚は文字通り表面的なもので、気候によって決まる体の表面に限られる。それに関与するのは遺伝子のごく一部で、それには僅かな意味合いしかない。というのも、ますますわれわれは完全に人工的な風土をつくりつつあるからである。

隠れた変異、遺伝的多型

ＡＢＯ式血液型は、目に見えない完全に遺伝的な形質の最初の例であった。それは二十世紀の初めに発見されて以来、無数の研究対象になってきた。というのは、血液型の適合が輸血の成功には必須だったからである。Ａ、Ｂ、Ｏの三つの主要な遺伝子の形態（対立遺伝子ともいう）が存在する。それらは厳密に遺伝する。各個人は四つの可能な血液型、Ｏ、Ａ、Ｂ、ＡＢのうちのひとつをもつ。

つぎのことの理解は不可欠ではないが、ここで遺伝の基礎法則について述べておく。各個人は両親のそれぞれから対立遺伝子を――父からひとつ、母からひとつの対立遺伝子を受け取る。したがって、一方からＡ遺伝子を、他方からＢ遺伝子を受ければ、ＡＢ型が生ずる。両方からＯ遺伝子を受ければ、Ｏ型が生ずる。だがＡ型は、二つの異なる遺伝的構成要素ＡＯとＡＡから生じ得る。前者は一方からＡを、他方からＯを受け取り、後者は両方からＡを受け取ったのである。Ｂ型についても同じことがあてはまる。

遺伝的多型（ひとつの遺伝子が少なくとも二つの異なる形態、つまり対立遺伝子として存在する場合）が存在することは、それぞれの血液型の特定の反応体にたいする反応によって示される。血液型をきめるには、赤血球細胞（目に見えない小さな酸素を運ぶ血液細胞）に反応する二つの反応体（抗Aと抗B）が必要である。ガラスのスライドに二滴の血液をたらす。反応体を加えて血液細胞が凝集すれば、プラス反応が起こったことになる。血液の色は赤血球細胞によるから、それが凝集すれば、残りの血液は透明になる。それに反し垂らした血液が赤いままであれば、マイナス反応である。A型の個人は抗Aにたいしてのみプラスに反応する。B型の個人は抗Bにたいしてのみプラスに反応する。O型の者はどちらの反応体（血清）にたいしても反応しない。他方AB型は両方の反応体にたいし反応する。

統計の計算を簡単にするため、個人つまり遺伝子型を対象とするのではなくて、ひとり当たり二つの対立遺伝子を数えることにする。とはいえ、AAでもありうるし、AOでもありうる、多型グループのAの個人の間の差異を区別する方法はない。だが、幸いに簡単な数理的処理によって、何人の個人がAAでありAOであるか（あるいはBBでありBOであるか）を推定できる。

第一次世界大戦中だったが、ポーランドのふたりの免疫学者のルドヴィク・ヒルシュフェルドとハンカ・ヒルシュフェルドが、英仏の植民地軍の兵士と捕虜たちからなる数通りの異なる民族について調べた。そのなかには、ヴィエトナム人、セネガル人、インド人もまじっていた。異なる血液型グループに属する個人の比率は、それぞれの個体群（人類集団）で異なることを、彼らは見いだした。今ではこの現象が普遍的であることが知られている。多型の種類の数はきわめて多いことがわかっていて、他の多型においても各人類集団は異なる。ＡＢＯ式血液型についてのこれらの初期の研究によって人類遺伝学が誕生した。

人類集団の間の遺伝的変異

つぎの表は、大陸ごとのＡＢＯ対立遺伝子の頻度（パーセント）を示す。

これによって、地域を異にする集団間には大きな変異があるのが認められる。それぞれの集団が明瞭に異なる遺伝子頻度をもつ。つねにＯ遺伝子は最多数で、六一～九八％を占める。Ａ遺伝子は一・七～二七％で、Ｂ遺伝子は〇・三～一九％である。もしアメリカ先住民（インディアン）の標本を小さくすると、ＡとＢの遺伝子は完全に存在しなくなるだろう。

地域	A	B	O
ヨーロッパ	27	8	65
イギリス	25	8	67
イタリア	20	7	73
バスク	23	2	75
東アジア	20	19	61
アフリカ	18	13	69
アメリカ先住民	1.7	0.3	98
オーストラリア先住民	22	2	76

この表は二つの問題を提起する。これは例外的な場合か、他の遺伝子についても似たことがあてはまるのか。なぜこうした大きな変異があるのかをわれわれは説明できるか。とりあえず他の遺伝子について検討しよう。第二の問題はあとで考えることにする。

ＡＢＯ式血液型を発見したのと同じ方法を用いて、第二次世界大戦後に新しい血液型の体系が開発された。そのなかでもっとも複雑なグループがＲｈ式で、第二次世界大戦中にヨーロッパ人の間で発見された。その研究はただちに数通りの非ヨーロッパ集団へとひろげられた。だが、ABO式とRh式のほかには、医療の上で重要なのはごく少ない。人類学的な関心——自分の祖先、親族、究極的な起源を知りたいという情熱に動かされて、多くの研究者が新しい遺伝的多型について研究をつづけ、それらは新しい遺伝研究方法を用いて、つぎつぎに成功をもたらした。

遺伝学とは遺伝的差異の研究であるが、それによって過去を見るひとつの窓が提供された。われわれがよく知っているように、少数の例外があるが、身長、皮膚、毛髪、眼の色などの多くの特徴は遺伝的に決定される。だが、その詳細な原因はわからない。さらにいえば、そのいくつかは、たとえば身長の場合は栄養によって、また皮膚の色の場合は日光への曝露によって、すなわち非遺伝的な要素の影響をうける。これらの馴染みの特徴の遺伝のメカニズムに関する知見が乏しいのは、非遺伝的な環境的な要素、そして形態をふくむすべての形質をきめるメカニズムに通ずる複雑さのためである。それに反し血液型や酵素とか他のタンパク質の化学的多型の遺伝については明瞭にわかっている。というのは、タンパク質のような物質によって比較的簡単にきまる形質の説明は、化学的に見て単純であり、理解するのも測定するのも容易だからである。とはいえ、それらの形質は直接見ることはできず、それを探しだすには感度の高い測定装置を必要とする。

かなり早くからアメリカのウイリアム・ボイドが、最初に発見された遺伝体系——ABO、Rh、MNを用いて、五つの大陸の人類集団が区別できることを示していた。初めて一九五四年にイギリスの血液学者のアーサー・モウラントが、人類の多型のデータを集約した。一九七六年に出たその第二版は一〇〇〇ページをこえ、データの量は倍増された。

多型は遺伝「マーカー（標識）」とも呼ばれる。というのは、遺伝物質であるタンパク質にたいする標識として働くからである。多型の研究には二つの方法が用いられる。そのひとつはほとんどすべての血液型の分類で採用されるが、細菌ないし他のものがだす異物に反応して人間がつくる生物的な反応体を用いる。それらの反応体は、イムノグロブリンあるいは抗体と呼ばれる特別なタンパク質である。それらは免疫を形成する過程で生成される。免疫とは、外部からの異物にたいする抵抗、つまり、通常は他からのタンパク質である抗原にたいする特異な反応である。もうひとつの遺伝分析の方法は一九四八年に開発されたが、電気泳動法と呼ばれ、電界での動きやすさを測定することで、特定のタンパク質分子の物理的な性質を直接調べる。

両方法ともに個人の特定のタンパク質の構造の変異を直接的にあるいは間接的に明らかにする。そうした変異の振る舞いは家族のなかでも調べることができ、変異の遺伝的な性質を確かめられる。だが、この方法で探せる多型タンパク質の数は少なく、一九八〇年代の初めで僅かに二五〇種類が知られているだけだった。すべてのタンパク質はDNAによってつくられるから、タンパク質の変異の背後にはそれと並行したDNAの変異がなければならないというわけである。DNAを化学的に研究するのに必要な分析方法は、その後になって開発された。

八〇年代の初めDNAの変異の分析が始まった。DNAは一本の非常に長い糸で、四つの異なるヌクレオチド、A、C、G、Tが結びついた一本の鎖からできている。ひとつの特定のDNAのヌクレオチドの配列の変化はまれにしか起こらないが、複製の際にかなりランダムに近い形でひとつのヌクレオチドが他のヌクレオチドに置き換えられる。その結果、DNAの部分がGCAATGG

ＣＣＣであるとすると、親から子に渡されたそのコピーで、五番目のヌクレオチドのＴがＣに変わるといったことが起こる。そのため子のタンパク質をつくるＤＮＡはＧＣＡＡＣＧＧＣＣＣになる。これはＤＮＡで起こる最小の変化であり、突然変異と呼ばれる。ＤＮＡは遺伝するから、子の子孫も突然変異を起こしたＤＮＡを受け継ぐ。ＤＮＡの変化はタンパク質の変化を起こし、それがわれわれに見える変化を起こすこともあり得る。

ふたりの個人のＤＮＡの差異を探す簡単な方法は、制限酵素によって与えられる。制限酵素は細菌によってつくられ、ＤＮＡを、たとえばＧＣＣＧというように四、六、ないし八個のヌクレオチドの配列に分けてしまう。

細胞分裂でＤＮＡを複製するときに使われるＤＮＡポリメラーゼという酵素によって、試験管のなかでＤＮＡをふやす方法が発見され、八〇年代の後半に開発が進んだ。それをＰＣＲ（ポリメラーゼ連鎖反応法）と呼ぶ。この新しい方法によって、九〇年代に遺伝分析の能力が向上した。その結果われわれは、ＤＮＡには何百万という多型が存在するにちがいないことを知るようになった。それらのすべてを研究できるが、それを満足できる速度ですすめる技術は最近になってやっと使えるようになった。

遺伝的変異の分析の将来はＤＮＡの研究にあることは明らかだが、タンパク質をもとにする古い方法で蓄積された成果もその価値を失ったわけではない。ある種の特別な問題はＤＮＡ技術でしか解決できないが、他方人類集団についてタンパク質によって豊かな情報が得られていて、そのなかには一〇万という頻度で見られる多型も含まれる。そうした多型は、世界の何千という異なる集団の百以上の遺伝子について研究され、この本で可能となり論じられる結論の多くはタンパク質の研究によってもたらされた。DNA研究による結果はタンパク質からのデータを補うことはあっても、それと矛盾することはない。われわれは何千というDNA多型について知り始めつつあるが、それはまだごく少数の集団に限られている。そのなかでもっとも重要な知見を要約しよう。

多くの遺伝子の研究で「大数の法則」が使える

生きている集団の型だけの研究で人類の進化を再現できるだろうか。それを簡単化するのは、先住の人たちに研究を絞ることで可能になる。ただし、それは先住の人たちを認識でき、最近の移民と区別できるとしてのことである。だがすでにわれわれは、ＡＢＯのような僅かひとつの遺伝子によって、人類の起源と進化について多くを学んでいる。

ここで「遺伝子」という言葉を導入しよう。誰もがそれを聞いているが、その正確な意味を知る人は少ない。古い定義の「遺伝の単位」はわかりにくい。事実それは遺伝子が化学的に何であるかを知らない頃に使われた。こんにちでは「遺伝子とはＤＮＡのひとつの部分であり、特定の認識可能な生物的機能をもつ（実際には多くの場合特定のタンパク質をつくる）」と、はるかに具体的に定義をくだすことができる。それは染色体の部分を成す。染色体は細胞の核のなかの棒のようなもので、そのなかに非常に長い糸状のＤＮＡが巻かれて複雑な形で存在する。普通ひとつの細胞には多くの染色体が含まれる。娘細胞への分配は、母細胞の染色体の完全なコピーをうけとる形ですすめられる。進化を研究する際われわれは、遺伝子が何をしているかを無視できるし、またしばしば無視せざるを得ない。というのは、われわれがそれを知らないからである。だが、遺伝子がひとつ以上の形で存在すれば、遺伝子は進化（その他）の研究に役立つ。遺伝子（対立遺伝子）の型が多いほど、その遺伝子はわれわれの目的にとって良い。とはいえ、三つの対立遺伝子ＡＢＯだけでは、それほど多くの情報は得られない。人類の起源の地であるアフリカでは、すべての対立遺伝子が見いだされる。だが、それはアジアでもヨーロッパについてもあてはまる。だが、アジアでは他の大陸よりもＢ対立遺伝子の頻度が大きい。Ａグループはヨーロッパでより多く、またアメリカ先住民はほとんどＯグループである。どんな結論が導きだせるか。おそらくＡとＢの遺伝子は多くのアメリカ先住民の間では失われたが、その原因は何か。多くの研究者がその原因を推測したが、完全に満足できる答を与えることはできない。

第一の仮説は、ある人種の歴史的起源と、ひとつの遺伝子を結びつけるものだった。それはその後独立の証拠によって確かめられたが、まず四〇年代の初めにＲｈ遺伝子をもとにつくられた。もっとも簡単な遺伝分析によって、ＲｈプラスとＲｈマイナスの二つの形が認められる。世界的にいってＲｈプラスが優勢であるが、ヨーロッパではＲｈマイナスがかなりの頻度で見られ、バスク人の間で最高の頻度を示す。この事実はつぎのことを示唆する。西ヨーロッパでのＲｈプラスにおける突然変異からＲｈマイナスが生じ、理由は特定できないが、アジアやアフリカへひろがったが、Ｒｈプラス遺伝子の頻度を大きく減らすことはなかった。マイナスの型の最高の頻度はヨーロッパの西ないし西北に見いだされる。その頻度はバルカン地方にむかって一定の割合で低下していく。

Rhプラスの人たちがバルカン地方を経て入ってきて西と北へひろがり、先住のヨーロッパ人とまざる以前は、まるでかつてヨーロッパでは、完全に（少なくともほとんどが）Rhマイナスであったかのようである。この仮説は、他の多くの遺伝子と同時に研究されることで裏付けられなければ、不確定なままにとどまっただろう。あとで見るように、この主張には考古学も支えを提供した。

進化の歴史の再構成は勇気を阻喪させるような仕事である。異なる集団の何千という人の多くの遺伝子に関するデータの蓄積は目がくらむような量の情報を生みだす。それは百以上の遺伝子の異なる型の頻度――進化に関する仮説をテストするのに非常に役立つ知識を記述している。経験が示すところによれば、人類の進化の再構築で只ひとつの遺伝子にたよることは決してできない。何百もの対立遺伝子が見つかっているHLA（主要組織適合抗原遺伝子複合体）のような遺伝子であれば、それひとつで充分なように思われるかもしれない。HLA遺伝子は感染と戦う上で重要な役を果たし、最近では組織や臓器の移植でドナーとレシピエントとのマッチングで重要になってきた。それは非常に多様な型をもつ。血縁関係にない人の間での腫瘍のひろがりにたいする防御として必要だからである。だが、HLAといえども、感染と戦う役目と関係して極度の自然淘汰をうけている。もしHLAを用いた考察で進化について得た結論が他の遺伝子を使った場合と異なれば、その理由を説明する必要がある。というのは、その結論によって異なる歴史解釈に達するからである。すべての情報の吟味が不可欠であり、それが役に立つ。われわれの問いに答える最大のチャンスはもっとも広範な総合によりもたらされ、その後の知見との矛盾がもっとも少ない。

したがって、われわれの問題に部分的に答えるのであっても、どんな分野であれ、情報の蒐集にはそれだけで値打ちがある。遺伝学のなかでもわれわれはできるだけ多くの遺伝子についてできるだけ多くの情報を集めたいのである。それによって確率の計算で「大数の法則」が使用可能になる。進化ではランダムな事象が重要で、それは気まぐれだが、多くの数の考察によってその振る舞いを説明することができる。大数の法則を立てたジャック・ベルヌイは主著の『アルス・コンジェクタンディ』（一七一三年）で、「もっとも愚かな者でも、自然によって与えられた本能によって、より多くの考察によって失敗のリスクは低められることを確信している」と書いている。

これまで多くの研究が、考察の数が不適切だったがために無効にされてきた。直接ＤＮＡの多型について研究する際には、証拠に不足することはない。何百万という事例を研究できる。だが、そのすべてを研究する必要はない。というのは、ある点から先はデータを加えても、新しい結果が得られることはなく、別のちがった結論に至るからである。だからといって、単に大きな数の標本の研究だけでは必ずしも充分ではない。もしデータのなかに不均質さを見いだし、データが数通りのカテゴリーに分けられるならば、それぞれは異なる歴史を意味するから、そうした相違の源をさらに探究しなければならない。すでにわれわれは父系と母系を通じて伝えられる遺伝子の比較においてひとつの重要な例を見てきた。それについては別の章で論ずるだろう。

遺伝距離

個体群（集団）を比較するには、明らかに膨大な量の遺伝に関する情報を総合しなければならない。まず集団の間の「遺伝距離」を測るため、われわれは単純に集団のいくつかの組を比較した。ずっとあとになってからわれわれは多くの数の遺伝子といくつかの新しい分析方法を得られるようになって、多くの集団の間での差異、さらには個別の集団のなかでの差異についても研究できるようになった。だが、ほとんどの遺伝子では、集団間での頻度の差はゼロかごく僅かで、集団間の大局的な遺伝距離への寄与はゼロに近い。

Ｒｈ遺伝子はヨーロッパでは興味深い遺伝距離を示すが、他の地域ではそれほど役に立たない。たとえばＲｈマイナスをもつ個人の頻度は、イギリス人で四一・一％、フランス人で四一・二％、もとのユーゴスラヴィア人で四〇％、ブルガリア人で三七％である。これらの差異は僅かだが、バスク人では五〇・四％、ラップ人（適切な呼び方はサーミ人）では一八・七％である。この遺伝子でのフランス人とイギリス人の間の遺伝距離は、右記のパーセント間の差として計算され、〇・一％である。フランス人とブルガリア人の間での遺伝距離（四・二％）、あるいはブルガリア人ともとのユーゴスラヴィア人の間での遺伝距離（三％）のほうが大きい。さらにバスク人とイギリス人との間の遺伝距離はかなりの値であり（九・三％）、バスク人とラップ人との間の遺伝距離はいちじるしく大きい（三一・七％）。

遺伝距離の概念を、右で説明したように簡単に定義しておきたい。それはパーセントで表した遺伝子の型の頻度の差である。実際にはいままでは遺伝距離について多くの計算法があるが、どれもかなり複雑である。私がその計算をはじめるに当たって、私の師のＲ・Ａ・フィッシャーに助言を求めた。彼は偉大な遺伝学者で、また統計学者であり、彼以上にすぐれた助言者を思いつかなかったからである。彼の計算方式は複雑すぎるので、ここで述べても意味がない。とにかく肝心なのは、結論を追試できるようにするには、ふたつの集団の間で多くの遺伝子をとり、その距離の平均をだすことである。

その後多くの計算法が提案されたが、有名な日系アメリカ人の数理遺伝学者であるマサトシ・ネイ（根井正利）が考えた計算法が、私が最初に使ったフィッシャーのものよりも多く使われるようになった。発表から二〇年以上経って、ネイ教授はフィッシャーの方法のほうが人類集団の研究にはすぐれていると考えるようになった。

いずれにしても、いま遺伝距離を計算するため使われる方式は、非常に似た結果を与えてくれる。事実もしさまざまな距離計算法を用いて結果にかなりの開きがあれば、データに問題がある——普通は遺伝子の標本の数が不充分であると、私は疑うことにしている。

集団の数通りの遺伝子のそれぞれについて遺伝距離を計算したあと、得られたすべての距離の値を平均することができる。そうやって調べたすべての遺伝子から情報を合成するのである。遺伝子の種類が多いほど、より正しい結論が得られる。充分な種類の遺伝子が得られる場合は、それらを二つ以上のクラスに分けて、クラスのそれぞれを結論のテストに使うことができる。すべてがうまくいけば、その結論はとりあげた遺伝子とは独立で、つまり、遺伝子が具体的に何であるかに左右されないものになる。

地理的距離による孤立

アメリカのスーオル・ライト、フランスのグスタヴ・マレコ、日本の木村資生の三人の数理遺伝学者が考えだした興味深い理論によると、僅かな差異はあるが、一般的にふたつの集団の遺伝距離の増加は、両者をわける地理的距離の増加と直接的な相関がある。それはつぎのような観察から期待される。すなわち、配偶者のほとんどが同じ村や町、あるいは市の部分、つまり近くのなかから選択された小さな区域から選ばれる。その小さな区域は、婚姻があるたびに生ずる移住の範囲を反映する。もっとも単純なモデルでは、近くの村の間で同数の移民が交換される。婚姻による移住の測定はジャン・スッテとトラン・ヌゴ・トアンによって初めて行なわれたが、それとは別に私も、アントニオ・モローニとジャンナ・ゼイの協力を得て、婚姻者の誕生地が書いてある教会の婚姻記録を用いて試みた。それらによって確かめられたところでは、期待通りに近くから配偶者を選ぶ傾向がある。集団間の遺伝距離は地理的距離とともに増すとする理論を最初に実証したのはニュートン・モートンだが、彼は均質的な小区域間で調べた。メノッツイとピアッツアと私とは、それを『人類の遺伝子の歴史と地理』で全世界へ拡張した。そこから取ったのが次ページの図1である。

地理的距離にともなう遺伝距離の増加は、初めのうちは線型だろう。だが、地理的距離が大きくなると、遺伝距離の増加の度合いは急激に低くなる。その曲線のふたつの性質——最初の増加率（勾配）と地理的距離が大きくなったときの遺伝距離の最大値——は大陸によってさまざまである。ア

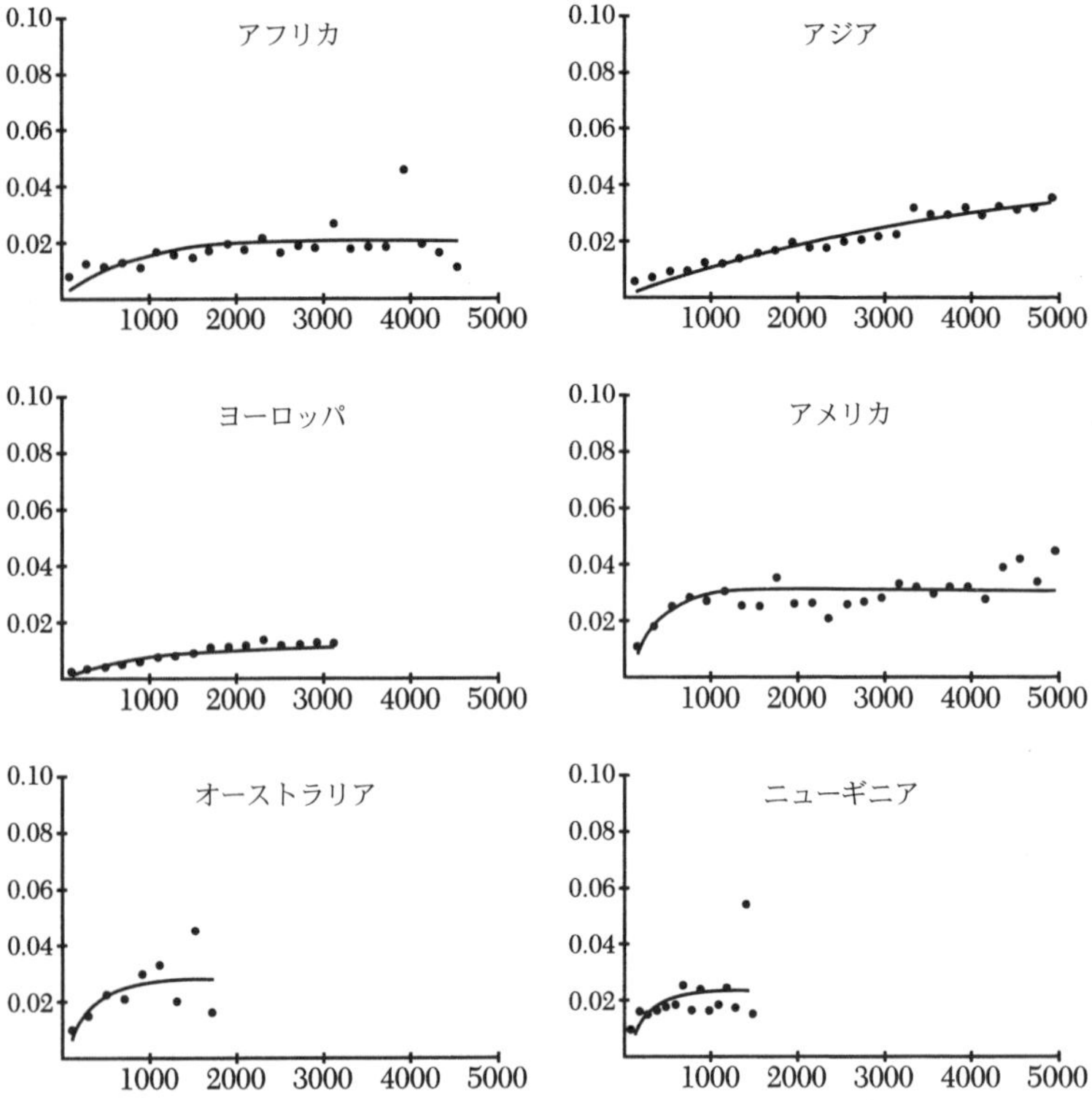

図 1　各大陸における地理的距離と遺伝距離との関係。横軸が地理的距離（単位はマイル）。縦軸が遺伝距離（その値は0から1までの範囲をとり得る）。各集団の間の遺伝距離は110種類の遺伝子に関するデータについて平均した値である。各遺伝子についてはタンパク質の分析（血液型、電気泳動法分析など）によった。部族や町などあらゆる可能なコミュニティの組み合わせ（ただし地理的距離が測定できる組み合わせに限られるが）について、遺伝距離の平均値を計算した。〔出典：Cavalli-Sforza, Menozzi, and Piazza, 1994〕

メリカ先住民とオーストラリア先住民で最大であり、もっとも均質的な大陸であるヨーロッパにおいて最小である。ヨーロッパでの最大遺伝距離は、もっとも非均質な大陸の三分の一でしかない。政治的な細分化にもかかわらずヨーロッパ内の移住は、他にくらべより大きな遺伝的均質性をもたらした。アジアでは過去何千年にもわたって広範な移住があったにもかかわず、曲線は最大値（つまり遺伝的な均衡点）に達していない（全世界のなかでも明らかに低い）。たとえばモンゴル人は紀元前三〇〇年頃に東、南、そして西へ重大な意味をもつ広がりを起こした。トルコの侵攻はその最後の試みで、十八世紀にウイーンの近くで止まった。

図1はデータが理論を精密に支持することを示す。当然だが、個々の集団の組は理論的曲線からかなりずれるが、図1の各点は多くの集団の組について百以上の遺伝子をもとに計算した平均値である。どの遺伝子を選んだかはほとんど関係ないことが認められる。他からの大きなずれを示す唯一の遺伝体系は、イムノグロブリン遺伝子である。この遺伝子はわれわれの抗体をコードする。その大きな多様性は、おそらくわれわれが遭遇した感染病が地理的に大いに異なっていたことへの反応の結果である。

ところで人種とは何か

人種とは、生物学的に他とは異なると認めることができる個体の集団である。それを科学的に認めるには、人種と呼びたいと思う集団と、それに近いいくつかの集団との間の差異が、何らかの定義された基準に照らして、統計的に有意でなければならない。統計的有意の敷居は任意である。ある遺伝距離をとったとき、有意になる確率は、調べる個体と遺伝子の数とともに着実に大きくなる。

われわれの調べでは、近くの（村や町の）集団間でも、しばしばまったく互いに異なることがある。調べることができるひとつの村の集団では、個体の数に限りがある。だが、調べが可能な遺伝子の数がきわめて大きいので、たとえ地理的に遺伝的に近くても、ふたつの集団の間の統計的に有意な差異を見つけ証明することも原理的にはできる。仮に充分多くの遺伝子を見るならば、ニューヨーク州のイサカとオルバニー、あるいはイタリアのピサとフィレンツエの間の遺伝距離についても有意な結果が得られ、科学的に証明できるだろう。イサカとオルバニーの住民は互いに人種として別であることを見いだし、がっかりするだろう。ピサとフィレンツエの人々は、遺伝子的に異なることを示され、昔からの相互不信が科学的に証明されたと喜ぶかもしれない。フィレンツエ人であるダンテはピサの人たちが嫌いで、神がアルノー川の河口の二つの島を動かし、ピサを水びたしにし彼らを水死させることを『神曲』で願ったぐらいだからである。

世界中の人々を数十万の、あるいは百万の人種に分類することは、もちろん実際的ではない。人種的差異を定義する境界をきめるため、どの程度の遺伝子の相違が必要か。遺伝子的差異は連続的に増加するから、どんな定義つまり敷居であれ、まったく任意的になるのは明らかである。

地理的な地図の上に生ずる遺伝子頻度の不連続を分析することで、人種を定義できるのではないかと言われてきた。一九九〇年にグウイド・バルブヤニとロバート・ソーカルが導いた方法では、地理的距離当たりの遺伝子頻度の変化率が局部的に増加するのを見つけようとした。移住あるいは結婚の障害がそうした局部的増加をもたらすことがある。多くの遺伝子についてそれが証明されるならば、そうした障害が人種の区別に役立つかもしれない。だが、遺伝子頻度の不連続を見つけるのは不可能ではないにしても、真の不連続を見つけるのは困難である。そのため遺伝子頻度が急激に変わる地域を探すことにならざるを得ない。「遺伝子的障壁」として充分なほどの急激な遺伝子の変化なるものも、必然的にその選び方は任意になる。

こうした方法は人種分類が理論的に困難であることをよく示している。遺伝子頻度は、地表のどこででも正確に測定できる高度とか方位などのような地理的特徴ではなく、むしろ限られた地域を占めるひとつの集団の性質なのである。解決策のひとつは、村や小さな都市を地理的空間における「点」として用いることだろう。大きな都市については、居住の分離を考慮して数点に区分できるだろう。村や小都市で得られる遺伝子頻度のデータは不充分で、そのクラスターはあまりにも細かなものになるだろう。

いずれにしても、この方法は、任意であるとはいえ、遺伝子的「境界」の地理的位置を定めるには役に立つ。バルブヤニとソーカルは、たとえばヨーロッパで三三の遺伝子的境界を見いだした。そのうち二二は地理的特性（山、河、海）と、ほとんどが（三一が）言語ないし方言の境界と一致した。イタリアのような言語が一様な国では、姓（家族の名）が遺伝子よりもよい結果を与えてくれる。というのは、姓は継承されるため遺伝子とほとんど同じ情報をもたらすだけでなく、大量の姓を容易に得られるので便利だからである。

人種分類でさらに大きな困難は、右のような方法で見いだされる境界は、アルプスのような地理的特性がある場合ですらも、ひとつの集団が居住する閉じた空間が確定されるのは稀なことである。唯一の例外は島しかない。島の集団は人種として定義できる。というのは、充分な遺伝子情報があれば、他の島または近くの本土と異なるからである。だが、アメリカでの人口調査のように、果してそれが実際的な目的に役立つだろうか。明らかにその答は否である。第三の困難な問題は、関係が近い集団間の差異を調べるには大量の遺伝子を必要とすることである。

科学的に人種を分類する試みが十九世紀の末にかけてつづけられた。それらの結果は食い違うことが多く、その種の試みの困難さをよく示している。地理的連続のため人類の分類は徒労に終わることを、ダーウィンは理解していた。彼が認めたように、歴史を通じて何度も同じことが繰り返され、人類学者ごとに人種の数は異なり、三から一〇〇以上になった。それにしても人類を区分しようという強迫観念がなぜ存在するするか。この問題はきわめて重大である。それについては、もっと一般的な問題に答えるほうが役に立つだろう。そもそもなぜ分類するのか。

なぜ分類するか

非常に多くのものごとを差し出されたときわれわれは、そのカオスに何らかの秩序を課したくなる。これが分類の目標である。それによってわれわれは、単純化の危険を冒しつつも、複雑なものごとの配置を簡単な言葉か概念で記述できる。

動物学者や植物学者は何百万という種を分類してきたが、それでも彼らの仕事は未完である。変異が重要でもなく複雑でもなければ、カテゴリー化はまったく不要だろう。必要に適した差異の度合いを簡単に区別できる。

分類したがるのは人類だけではない。たとえばチンパンジー、そしておそらく他のほとんどの動物も、数百種類の葉や果実を食べられる、食べられないのカテゴリーに分けることができる。食欲次第で他のカテゴリーも用いられるが、多くの植物が毒性をもつので、食べられるかどうかが基本になるだろう。チンパンジーは、何が食べられるか、何が食べられないかを子に教える。それが目撃されている。

動物とちがって人類は対象を分けるのに言語を使う。区別したいと思う対象のそれぞれに名前を割り当てる。アフリカのピグミーは樹木については何百もの、また動物については数百もの種を識別する(ヨーロッパの植物学者も同数の植物種を同定できる)。それぐらいの差異では、高度の秩序をもつ分類にはあまりにも少なすぎる。

変異の度合いが高いと、分類とそれにともなう単純化が必要になる。ジョルジュ・ルイ・ルクレル・ビュッフォンやカロルス・リンネのような博物学者は、非常に多様な動植物の種のために有効な分類体系を確立した。それに似た体系は、いわゆる「未開の」経済的に（金銭的に）未開発な人類の間でも見いだされる。

人種分類がなぜ役立ち得るのか。確かに人口学者や社会学者はこれについて意見があるだろう。もっとも役立つ分類はきわめて簡単なものである。アメリカの人口調査では、白人、黒人（アフリカ系アメリカ人）、先住アメリカ人、アジア人、イスパニックスを区別する。最後のカテゴリーには生物学的意味はほとんど存在しない。実際にはメキシコ人、さらに一般的にいえば、スペイン語を話す多くの人々が当てはまる。

分類の改善の提案は失敗するだけである。民族的グループ間の変異の観察結果は、われわれを信じさせるものでなければならない。目に見える差異は「純粋な」人種の存在を信じさせる。だが、すでに知ったように、それがきわめて狭いものであり、本質的に不正確な基準である。しかも測定結果を慎重にプロットしても、目に見える形質は期待するよりも実際にははるかに連続的である。大陸を起源にする分類は人種区分の第一近似を与えることができるが、結局はアジア、アフリカ、南北アメリカといっても非常に多様であるのに気がつく。ヨーロッパはもっと一様だが、それでもさらに数通りの小区分が提案されてきた。ただちにわかるように、どんな体系も明快な満足できる分類基準に欠ける。統計的妥当性の問題に注意を払うほど、その努力には失望させられる。確かな遺伝的特徴のほうが、人体測定学的な結果あるいは皮膚の色や形態の観察よりも明らかに満足できる。何よりも明らかなのは、もっとも一様な人種を選ぼうとしても、どの地域の間であってもほとんど完全な遺伝的連続性に出会うことである。

どの人類集団でも――ピレネやアルプスの山村からアフリカのピグミーの村にいたるまで――遺伝子頻度は村ごとに僅かずつ異なるのが普通だが、各個体の間においてほとんど同じ平均遺伝距離が観察される。どの小さな村をとってみても、異なる大陸の村とほぼ同じ量の遺伝子変異を含んでいる。こまかい遺伝子の成り立ちはごく僅か変わっているが、各集団はひとつのミクロコスモスであり、全人類というマクロコスモスを反映する。もちろんアルプスの小さな村や、三〇人のピグミーの野営地では、中国のような大きな国にくらべると遺伝子的には多様性がやや低い。だが、その違いは僅か二倍である。平均すると、これらの小さな村の集団でも、個体間の差異は世界全体に見られる値よりもごく僅か少ないにすぎない。（広い範囲から選ばれるが）用いる遺伝的標識の型に関係なく、ひとつの集団から無作為に選んだふたりの個体の間の変異は大きく、その差異は世界中から無作為に選ばれたふたりの個人の間の差異の八五パーセントに相当する。

したがって、昔ながらの人種分類は、どんな試みであれ、捨てたほうが賢明だと私は考える。ただし、遺伝子の差異に関心をもつには実際的な理由がひとつ存在する。

遺伝的差異の研究は役立つか

人種の合理的な分類にたいする知的関心は、ほとんど連続的である現象に人工的な不連続を課する愚かさにぶつかる。それでもそれを正当化する実際的な理由が存在するだろうか。その理由は真の不連続がどこにあるかに向けられねばならない。たまたまだが、遺伝的差異にもとづくある種の分類を正当化する理由がある。

人類は社会的コミュニティのなかで生活する。社会的グループは急速に進化し、大きくなり、内部構造はより複雑になる。だが、まだ世界の大多数は、複雑さの尺度でもっとも下の段階のグループによって構成されている。先進国はそれと反対の端にいる。ほとんどの人々が自分の属する社会的グループにアイデンティティを求め、それに名前を与える。理由は明白だが、その名前は、言語、種族（多くの場合種族は成長してもはやひとつの社会的グループではないが）の名前と同じになりやすい。大きなグループのなかでは、さらに細分化される傾向にある。これらの結果、世界に存在する社会的グループの数の下限が与えられる。現存する言語の数は五〇〇〇〜六〇〇〇で、世界に現存する社会的グループの数は一万よりも多く、一〇万以上かもしれない。

もし上限を定めたければ、社会的グループの意味をもっと精密にしなければならない。遺伝子の観点からすれば、もっとも意味のある社会的グループは結婚相手を探しそうなグループである。近親婚の悪い影響を避ける最小のグループは五〇〇人である。これはひとつのマジック・ナンバーで、事実による支持はないが、多くの人類学者がひとつの種族、とくに経済的に未開の種族の平均の大きさとして示す数字でもある。ということは、地球上には最大で一〇〇〇万の社会的グループがあることになる。他のいくつかの点も考慮すると、遺伝子から見て区別できると考えるに値する社会的グループの合理的な上限はおそらく一〇〇万になるだろう。平均的なグループは五〇〇〇〜五〇万の個体から成る。これらの数値は幾分か修正しなければならないかもしれず、その権利を私は保留するが、原理的には正しい。

人類学者の誰も一〇〇万、いや一万の人種という分類には明らかに同意しないだろう。だが、もっと複雑だとしても、これがおそらく存在する「遺伝子による」分類であり、遠くない日に役に立つようになるだろう。この種のひとつのグループに属する各個体は、無作為に選ばれたふたりの個体よりも遺伝的に似ているだろう。というのは、彼らはより有意に先祖を共有しているからである。事実そうしたグループは（グループ内で結婚する）族内婚という行為をもとに形成されてきただろう。族内婚はグループ間に徐々に遺伝的にまた文化的に分化を発生する傾向をもつ。すでに見たように、集団の遺伝的分化は、現実に存在するとしても小さく、そして長期にわたり安定である。それに反し文化的分化は、驚くほど大きく、生ずるのが速いが、より容易に逆もどりしやすく、したがって不安定である。だが、遺伝的分化が重要なことには問題はない。非常に実際的な観点からして重要である。つまり、特定の病気にかかる機会や同一の薬にたいし同じように反応する点で重要である。

疑い深い読者には、この原理の応用の例としてアイスランドの場合が挙げられる。すでに議会の承認をうけ、ある外国の製薬企業が全アイスランド国民の医学的研究をすすめている。ここでは集団は二五万の個体から成り立ち、先に定めた上限と下限の間にある。だが、現在進行中の研究によって、アイスランドの集団は予期されるほど一様ではないことが示されるかもしれない。

歴史的研究の強みと弱み

人類の多様さを調べはじめ、多くの問題を自問せざるを得なくなった。この多様性はいかにして生み出されたか。そこに働く力は何か。その間の経緯はどうだったか。一口で言うと、人類の進化の歴史はいかなるもので、それを起こし導いた要素は何々だったかということに集約される。

人類の進化の再構成は、どんな試みであれ、歴史的研究でわれわれが遭遇するのと同じ問題にぶつかる。実験科学では、いかにありそうもない仮説でもテストできる。だが、ときどき繰り返すように見えても、歴史を思い通りに繰り返すことはできない。だが、歴史的な人類学的なアナロジーがしばしば役に立つ。それらが独立の、あるいは補完的な証拠を提供するときは、どの仮説を退け支持するかを決めさせてくれる。学際的研究は、いわばひとつの出来事の一種の再現、普通は実験科学にしかできない出来事の再現を可能にしてくれる。

関連の分野の探究によって豊かな発見を導くことができる。そうした意図から私は、言語学、考古学、人口学のような分野で支持してくれる証拠を求め、しばしばそれを見いだしてきた。このようなアプローチはプラスの成果を生み出すだけでなく、大きな知的満足の源でもある。そこに研究者は諸科学とその方法の基本的な一体性を見るのである。

第二章　森のなかの散歩

数年前になるが、現在生きている集団の遺伝子データから人類の進化の歴史を再構成できるかどうか、私は考えていた。その頃のこの問題に関するわれわれの知識は、もっぱら化石人類学から得られたものだった。化石資料は少なく、今も少数の不完全な頭骨と骨しかない。そうした少数の断片は、大きなジグソーパズルからランダムに残された部分でしかない。果たしてこの限られた鍵から全体の再構成が望めるだろうか。新しい化石の発見、あるいは年代の改定によって、しばしば人類進化の知識は大幅な再検討が求められる。たとえば、一〇〇万年前の下顎の発見が科学雑誌の何ページをも占めるといった具合だった。

化石にとらわれたため、われわれはそれよりも豊かな進化についての情報源からそらされてきた。もっぱら現存の集団に限られるとはいえ、遺伝子データは人類の歴史について非常に多くのことを語ってくれる。骨格の特徴などとちがって、遺伝子と遺伝子頻度は、厳密なよく理解されている法則にしたがって時間の経過とともに変化する。もちろん骨格の形態、つまり骨の進化も遺伝的にきまるが、その変化は複雑で、筋道がそれほどはっきりしているわけではない。それは多くの要素、とくに環境の影響によって変化する。

遺伝学的方法にも短所がある。たとえば昔の人類集団の研究はむずかしい。だが、すでに知られているように、あまり古くなければ、化石にもDNAが残っている。映画の『ジュラシック・パーク』を見た人が知っているように、化石遺伝学という新しい科学が誕生しつつある。数百万年間も琥珀のなかに閉じ込められてきた昆虫からDNAを取り出すことができたなどとも言われる。だが、象とか人間が琥珀の堆積のなかに見られることはないだろう。さらにいえば、琥珀のなかから発見されるDNAの研究はあまりにも楽天的と思われる。何百万年も前に生きていた生命体からDNAをよい条件で発見できる望みはあまりない。

古いDNAはばらばらになり、化学的変化を受けている。DNAの同じ部分の多くの断片を比較することで、はじめて短い部分の完全な構造を正確に再現できるだけである。この方法がミュンヘンの研究所で試みられ成功した。そのリーダーはスヴァンテ・パーボ、ミトコンドリアDNA研究の先駆者のアラン・ウイルソンの弟子だった。最初に成功した資料はエッツイと呼ばれる骨格から得られた。それは青銅器時代の男のもので、イタリアとオーストリアの間のアルプス山中の氷が溶けて発見された。彼の衣服と道具から、青銅器時代のファッションと技術について貴重な情報が得られた。調べられたその遺体のDNAはミトコンドリアから取り出された。ミトコンドリアは、非常に小さな細菌に似た器官で、酵母から哺乳動物にいたるあらゆる高等な生命体の細胞のなかに見られる。われわれのほとんどの細胞には、何百あるいは何千というミトコンドリアが含まれている。

どの細胞もDNAから成る小さな染色体のコピーを少なくともひとつ持っている。したがって、ほとんどどの細胞にも、かなりの量のミトコンドリアDNA（mtDNA）が存在する。それには充分な理由がある。細胞の成長と維持のため栄養物からエネルギーを発生させるには、ミトコンドリアが必要だからである。それにたいして染色体遺伝子を形成するDNAは、どの細胞においても各遺伝子当たりふたつのコピーしか存在しない。ひとつは父から、もうひとつは母からのものである。そういうわけで、充分な量のmtDNAが保存されやすいのである。

エッツイのmtDNAは、現在その地方に住む人々のものと驚くほど似ていた。エッツイの死から五〇〇〇年間、外からの移住者はごく僅かで、この地方の人類集団はかなり安定していたに違いない。

同じ研究所で、ネアンデルタール人の標本からDNAを抽出するという野心的な試みがなされ、この離れ業は成功した。

一八五六年、北ドイツでの掘削作業で、現代人のものとは明らかに異なる頭骨が発見された。当時はまだ進化の考えはぼんやりしていた。ダーウインの『種の起源』が出る三年前のことだったからである。だが、この発見を知った村の先生は発見の意義を理解し、その頭骨をボン大学の解剖学の教授に届けた。この頭骨は発見場所にちなんでネアンデルタール（ネアンダー川の峡谷）と命名された。

それから一五〇年間に多くの似たような化石が発見されたが、このネアンデルタール人と現代人の関係はいまもって人類学者を悩ましている。相違ははっきりしているが、いちじるしく似てもいるからである。一部の学者は、ネアンデルタール人を現代人の直接の祖先と考えた。他の学者は、古い型の人類からの枝分かれで、絶滅したと考えた。もし絶滅したネアンデルタール人のＤＮＡが得られるならば、それを分析することでこの問題は解決できると思われた。古代の上腕骨の標本が、同じミュンヘンの研究所でエッツイについて調べたときと似た方法で調べられた。その結果は明白だった。このネアンデルタール人と現代人のｍｔＤＮＡとはかなり異なっていた。差異の量を評価することによって、ネアンデルタール人と現代人との共通の祖先がいたのは約五〇万年前と推定された。共通の祖先がどこに住んでいたかははっきりしないが、現代人とネアンデルタール人は早く分かれ、現代人はアフリカで、ネアンデルタール人はヨーロッパで別々に分化した。ミトコンドリアＤＮＡ分析の結果は、一部の化石人類学者の仮説とはちがって、明らかにネアンデルタール人はわれわれの直接の先祖でないことを示していた。約六万年前ネアンデルタール人はヨーロッパから中央アジアと中東へひろがったが、その後これらの地域では発見されていない。現代人は四万二〇〇〇年ないし四万三〇〇〇年前にヨーロッパに到着した。彼らはネアンデルタール人と接触したかもしれないが、その間の雑種は発見されていない。四万年前からネアンデルタール人はヨーロッパで少なくなり、これまでに発見された標本はもっとも新しくても約三万年前のものである。

こうした骨の折れる研究が他のネアンデルタール人や他の古い頭骨にまで及ぶことが望まれる。将来それによってヒト科の進化が明らかにされるかもしれない。不幸なことに、こうした方法は古い標本では有効ではない。細胞核に含まれる遺伝子の研究のほうが多くの情報が得られるが、それが可能なのはエッツイ以後の化石に限られる。

私自身の人類進化にたいする関心は、R・A・フィッシャーが指導していたケンブリッッジ大学遺伝学研究室から始まった。最初の一〇年間私は細菌の遺伝を研究したが、一九五一年イタリアのパルマ大学で一般遺伝学を教えはじめたときから私の関心は、人類——よりカリスマ的な生命体へ移った。一九六一年には、この章で扱う問題に取り組むのに充分なデータが得られると私は感じた。

進化の樹の成長

ダーウイン以来われわれは、それぞれの種とその祖先の関係を追ういくつかの樹として進化を考えてきた。定義によって種とは、交接によって繁殖力のある子孫をつくる個体の集団である。人類はひとつの種を構成し、すべての集団の間で子孫をつくれる。そのことはすべての人類集団が、最近のこととしてひとつの共通の祖先をもち、集団の間で継続的に遺伝子の交換ができたことを意味する。他方、もし集団が比較的すっきりと分かれ、その後ふたつの新しい集団の間で遺伝子を僅かしか、あるいはまったく交換しなければ、一本の樹でこの過程は正確に表される。新しい大陸が集団で占められたとき、別のひとつの枝分かれが生ずるのが普通である。ひとつの大陸から他の大陸への移住によって、必然的に何らかの不連続が生ずる。移住に長期を要し、母に当たる集団と娘に当たる集団の間に地理的な連続が残ったとしても、ある程度の遺伝子分化が最終的に起こる。

第一章で述べたように、一組の集団の間の遺伝距離の計算によって、数集団の間の遺伝的関係を

	アフリカ	大洋州	アメリカ	ヨーロッパ
大洋州	24.7			
アメリカ	22.6	14.6		
ヨーロッパ	16.6	13.5	9.5	
アジア	20.6	10.0	8.9	9.7

容易に決定できる。初めて一九六一年にアンソニー・エドワーズと私が研究した（大陸当たり三）一五の集団よりも簡単な例として、五つの大陸の現在の先住集団を取ってみよう。パーセントで表した大陸間の遺伝距離は上の表のようになる。

これらの遺伝距離から始めて、これらの差異をもたらした枝分かれを示す樹をどうすればつくることができるだろうか。

初めてエドワーズと私が開発した方法は複雑だったが、説明のためここではより簡単な平均結合法と呼ばれる手法を選ぶことにしよう。その後われわれは平均結合法が、もっとむずかしいが、より信頼できる方法とほとんど同じ結果を実際に与えてくれることを知った。

上のように「大陸間の遺伝距離」として集団の関係がわかりやすいように配列されていると、樹による五大陸の分析は簡単に進めることができる。最初に最小の距離、アメリカ先住民とアジア人の間の距離を見つける。ふたつの集団の分離の時間が長いほど、それらの間の遺伝距離が遠くなると考えるのが理屈にかなっている。したがって、アジアとアメリカの分岐がもっとも近い枝分かれとなってしかるべきである。事実われわれは、考古学からの情報で、おそらくアメリカへの移住は一万～二万五〇〇〇年前だったことを知っている。その頃は最後の氷河期でシベリアとアラスカがつながり、アジアからアメリカへ歩いて渡ることができた。後でさらに詳しく述べるように、移住の時期にはまだ不確定な点があるが、現生人類が最後に居住するようになった大陸がアメリカという蓋然性が高い。遺伝距離と分岐の時期との比例関係は合理的な原理であるが、つねに正しいわけではない。アメリカとアジアとの遺伝距離が最小だが、ヨーロッパとアメリカ、ヨーロッパとアジアの遺伝距離とくらべて、それほど差がない。すべて測定値には統計誤差があるので、測定値の「真の値」はわからない。完全な測定は達成できないが、統計誤差ならば推定できる。観察の数をふやせば、統計誤差は小さくなる。われわれが使う遺伝距離は約一〇〇の遺伝子を基礎にしているので、およそ二〇%の誤差がある。この値をもとに、真の値が存在する範囲を確率つきで計算できる。しかも遺伝子の数をふやせば、誤差を必ずへらすことが可能である。われわれの言わんとすることを正当化するもっと複雑なデータによって裏付けられていることを付記しておけば、ここでは充分だろう。そういうわけで、最小の遺伝距離はアメリカ先住民とアジア人との間であって、もっとも新しい分岐はアジアとアメリカの間で起こったことを受け入れることにしよう。したがって、われわれは次ページの図aのような樹から始める。

つぎに、アジアとアメリカと他の諸大陸それぞれとの間の遺伝距離の平均を計算し、二つの大陸を結びつけることができる（たとえば、ヨーロッパとアジアの間の遺伝距離は九・七、ヨーロッパとアメリカの間は九・五なので、その平均は九・六になる）。それによって前出の表から一行と一列が消え、次ページの表のようになる。

再び最小の遺伝距離を選ぶ。今度それはアジア・アメリカとヨーロッパの間になる。そこでアジア・アメリカをヨーロッパにつなげ、図bのように樹にひとつの新しい枝を加える。

	アフリカ	大洋州	アジア・アメリカ
大洋州	24.7		
アジア・アメリカ	21.6	12.3	
ヨーロッパ	16.6	13.5	9.6

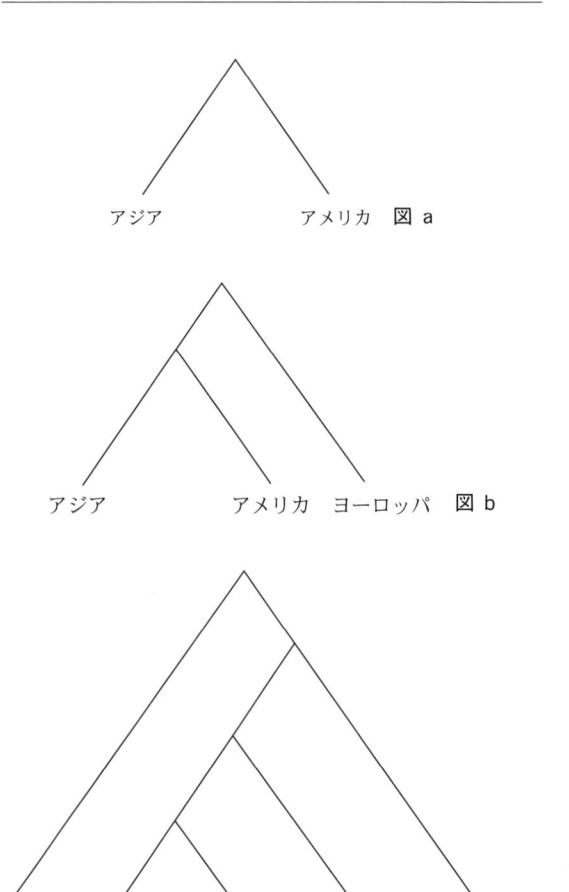

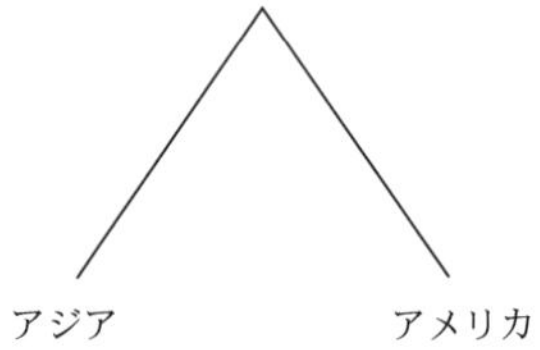

図 a

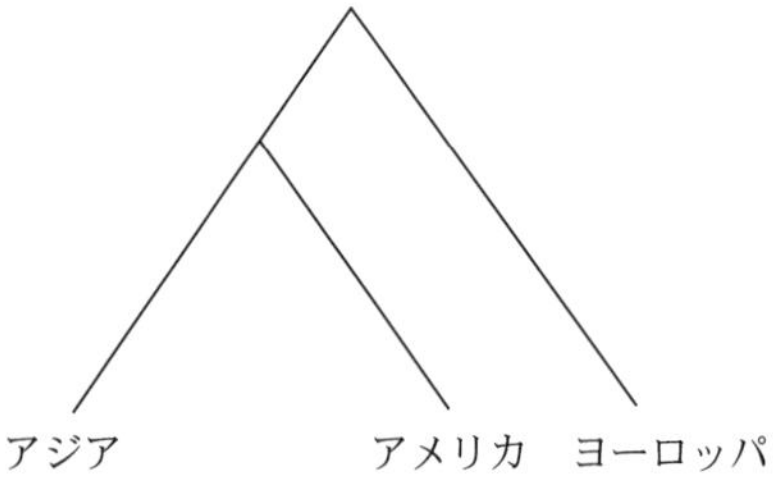

図 b

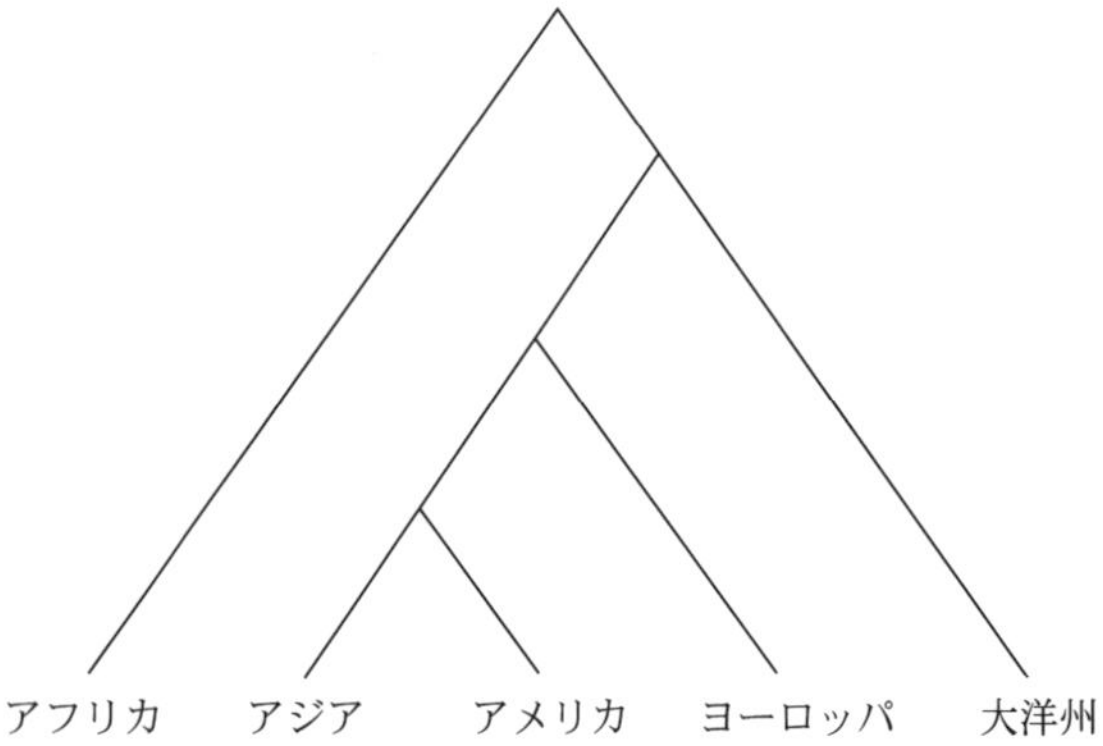

図 c

同じ方法を繰り返して大洋州を、最後にアフリカを加えて、最後の樹は図cのようになる。ひとつの人類移住のモデル——アフリカからまずオーストラリアに到達し、つぎに東アジア、最後にヨーロッパ、アメリカというモデルが、遺伝距離と考古学データから最終的に得られる。したがってこの樹は、合理的な確率に裏付けられた現生人類の進化を表していることになる。移住の年代とどれほど符合するかは後でわかるだろう。

この樹をつくるに際し私は、簡単にするため、明らかにもっとも混血がすすんでいる北アフリカ、西アジア、そして（ニューギニア人はオーストラリア先住民と似ているので、ニューギニアは大洋州に結びつけたが）オーストラリア以外の太平洋の島々を除いた。ここでは世界人類の約四分の一が無視されている。だが、そのような除外をしなかったとしても、同じ結果が得られる。というのは、樹をつくる方法は、当初われわれが想定した以上に信頼できることが判明したからである。

それにもかかわらず、樹をつくる方法が誤る可能性がある。そのひとつの理由は、人類集団が遺伝的に連続しているからである。連続しているものを分けるとすれば、恣意的な結果しか得られない。この点をダーウィンも認め、人種に分類するのを排撃した。遺伝距離の計算での統計誤差の危険性はかなりのもので、この大きな障害を乗り越える唯一の方法は分析する遺伝子の数をふやすことで、それにはもちろん多大の努力を要する。一九六一年われわれが人類集団の遺伝子頻度の公表データの蒐集をはじめたときは、一五の集団について僅か二〇の「多型性」（大陸当たり三つ）しかわかっていなかったので、それらを用いた。だが、一九八八年には約一〇〇の多型が得られるようになり、統計誤差を従来の二分の一以下にへらしてくれた。現在では数百の遺伝子が知られ、さら

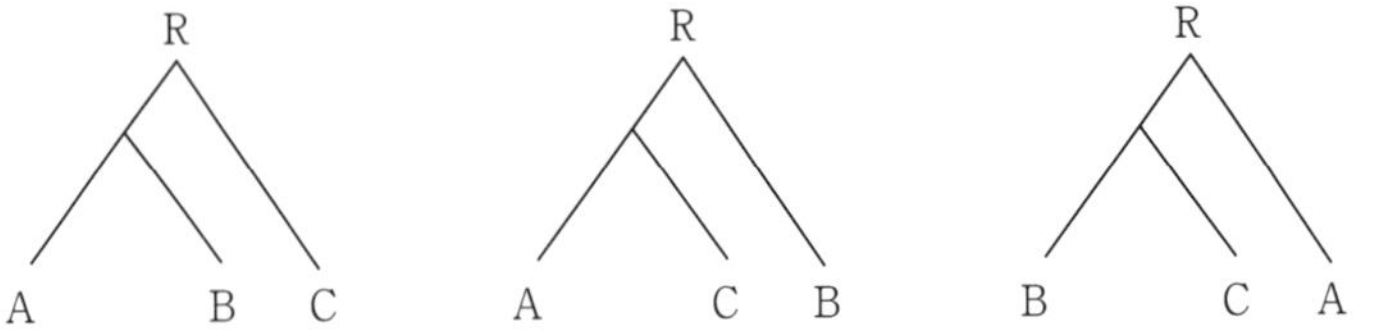

図d

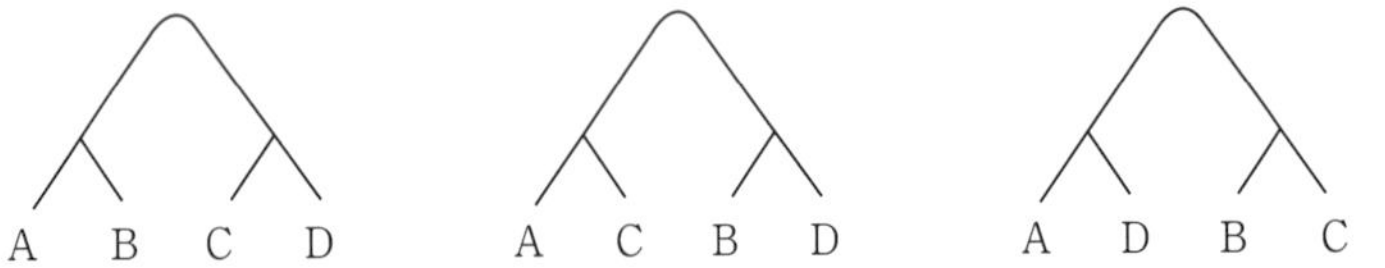

図e

に統計誤差は減少した。それでも結果は同じである。ただし、統計誤差以外に方法上の不確定性が残っている。だが、幸いにして、それに対処するためさらに三〇年も待つ必要はない。というのは、生じた新しい問題は最近開発された方法によって究明できるようになったからである。

巨大な森

同じデータでも、樹をつくる方法が異なれば、少し違う結果が得られる。正確な樹を探す上で実際的な制約となるのは、与えられた集団の集合（分類群）にたいし潜在的な樹の数が大きくなることである。A、B、Cの三つの分類群があるときわれわれは、樹の根のRを定めるには三つの樹のなかから選ばねばならない（図d）。

集団が四つになると、根のある一五通りの樹があることになる。だが、根を無視すると可能な樹は僅か三つになる（図e）。

調べる集団の数をふやすと、可能な樹の数は急激に増加する。五集団では根のある樹は一〇五、根なしの樹は一五になる。一〇集団では根のある樹は三四四五万九四二五で、根なしの樹は二〇二万七〇二五になる。二〇集団では可能な樹の数は八×一〇の二〇乗で、根なしの樹はその三七分の一になる。理論的には、確実に最善の樹を得るには、すべての可能な樹を分析しなければならない。

現代の統計学が提供する適切な方法――最尤法を使おうとすれば、状況はさらに思わしくなくなる。最尤法を使うと計算時間はさらに長くなるが、データの分析に真に厳密な方法をとることが可能になる。それをすすめるには最初に、進化の仮説（モデル）を厳密に定義し、観察データを用いて、それをテストしなければならない。それによって、選ばれたモデルのデータにたいする「適合度」の尺度が得られる。もし多重の仮説をテストしたければ、もっとも満足のいく仮説を選び、次善の樹にたいしどれほど妥当かを評価できる。不幸なことに現在のコンピュータでは、より進んだ方法にもとづいて一二以上の集団について、すべての可能な樹を検討することはできない。

もっとも簡単な最尤モデルでは、各集団の進化の速度は同じと想定し、すべての枝の長さが等しく、ひとつの根をもつ樹がつくられる。この手法は平均結合法にほぼ近く、平均結合法でも各集団の進化の速度は等しいと想定する。だが、進化の速度がつねに同じだろうか。それを明らかにするには、遺伝子の変化の度合いに影響する要素を吟味しなければならない。

進化の機構と速度・最適者と最幸運者の生存

現代遺伝学の始まり以来、つぎの四つの進化要因が認められてきた。第一は突然変異で、新しい遺伝子型を生ずる。第二は自然淘汰で、特定の環境にもっとも適応した変異型が自動的に選ばれる仕組みである。第三は遺伝的浮動で、集団内の遺伝子頻度のランダムな変動である。第四は移住で、遺伝子流とも呼ばれることがある。

これらの力のなかで遺伝的浮動がもっとも抽象的である。だが、それは数世代にわたる遺伝子頻度の偶然的な変動にほかならない。アメリカ先住民は０血液型について一〇〇％に近い頻度をもつが、その値が五〇％のひとつのアジア人の集団からおそらく派生したのである。何人かの研究者が示唆したように、もしアジアからアメリカへの移住者の数が一二あるいはそれ以下だったとすると、彼らの全員が０型だった可能性がある。一〇人のアジアからの移住者がこの同じ血液型をもつ確率は約一〇〇〇分の一で、小さいが否定できない値である。もし彼らが五人であれば、確率は三二分の一になる。最初の移住者の全員が０型だったとすれば、新しい変異あるいはその後の移住で別の血液型が導入されない限りは、その子孫の全員が０型だっただろう。この極端な例が集団の規模の統計的特性を示す。つまり、集団が小さいほど、世代にわたっての相対的な遺伝子頻度の変動はより大きくなるのである。このような極端な形の浮動（より精密には、「浮動」という言葉がもつ別の意味と区別するため、「ランダムな遺伝的浮動」と言う）は、「創始者効果」とも呼ばれる。だが、それはとくに創始的事象に限って起こるわけではない。それは各世代で生じ、集団の規模が小さいほど、より顕著になる。創始者効果は重大になりやすい。というのは、創始者は少ないのが普通で、新しい移住が成功すると、集団は構成員の数を急速に増すからである。

浮動の著しい性質は集団を一様にすることである。移住や突然変異による遺伝子の導入がないなかで浮動が働くと、集団は最終的にひとつの遺伝子型になってしまうだろう。遺伝子頻度が同じふたつの集団が分かれて、両方ともに最終的にひとつの遺伝子型に固定されてしまうかもしれないし、あるいはふたつの集団では異なるようになるかもしれない。浮動は盲目的に働く。つまり、浮動している集団で、ある型の頻度が増すか減るかはまったく偶然による。そのため浮動の振る舞いは確率の形でしか予測できない。たとえば、この過程の始まりでもっとも共通だった遺伝子が、最後に集団内で固定されやすいのである。浮動のこのような性質に着目して日本の集団遺伝学者の木村資生は、進化的な変化のなかに偶然の役割も含めて、進化に関するダーウィン的なステレオタイプ（決まり文句）である「最適者の生存」を修正し、彼は「もっとも幸運な者の生存」を提唱した。

アメリカ先住民におけるA型とB型の欠如は遺伝浮動が原因か。確言はできないが、対案的な仮説——自然淘汰も考慮しなければならない。人間の死の大きな原因は伝染病だった。ABO血液型をきめる遺伝子もふくめ、ある種の遺伝子は特定の伝染病にたいする抵抗力をもたらすことがあり得る。O型遺伝子は梅毒にたいする抵抗力を与えるという幾つかの証拠が存在する。俗説のひとつによると、アメリカでは梅毒はありふれていて、コロンブスの探検に加わったスペインの船員によって一四九三年にスペインへ持ちかえられたのが、ヨーロッパでの最初の出現と思われている。さらに戦争で加速され、フランスとイタリアへ、ついでヨーロッパ全体へひろがった。コロンブスのアメリカ発見以前のミイラの研究では、数千年前のアメリカにはA型もB型も存在したことが示唆されるが、現代の分析法では実証できないでいる。もしミイラ研究の結果が確認されるならば、アメリカからA型とB型の遺伝子が消えたのは自然淘汰が原因であることを意味する。もしO型集団が梅毒にたいする抵抗力を与えるならば、さらにそうである鍵があるならば、流行期には、罹患性の高いA型集団やB型集団にくらべて、O型の遺伝子の頻度は増大するだろう。

これらふたつの仮説——遺伝的浮動か自然淘汰かのどちらを採るかはむずかしい場合が多い。われわれは自然淘汰が単に人口的現象であることを理解しなければならない。ひとつの集団内のある種の遺伝型によって、他の集団よりも子孫の生ずる確率が大きくなったり、小さくなるかもしれないのである。これが起こるのは、不利な条件、たとえば伝染病にたいする抵抗の確率を大きくしたり、小さくしたりするからである。あるいは、繁殖能力を左右するかもしれない。自然淘汰は死亡率や繁殖率の差を起こす形質の進化に影響を及ぼすが、それは多くの遺伝子に見られるようにその形質が子孫に伝えられる場合に限る。普通そのようにして自然淘汰は特定の遺伝子に影響を与える。その結果、ある種の遺伝子の形態(対立遺伝子)に有利に働く(ただし特定の環境に限られる)。このような理由でABOの三つの対立遺伝子は、大腸菌による感染、結核、おそらく梅毒や天然痘のような病気にたいする抵抗力に差異をもたらす。O型の個体は胃や十二指腸の潰瘍にかかりやすいが、最近わかってきたようにそれはピロリ菌(ヘリコバクター・ピロリ)が原因である。

自然淘汰は特異な形で遺伝子のそれぞれに影響を与えるのにたいし、遺伝的浮動は同じ明快な確率法則にしたがってすべての遺伝子に影響を及ぼす。遺伝的浮動のもとでは、頻度の変化の平均の大きさはすべての遺伝子にたいして同じで、世代ごとの集団の大きさによって定まる。だが、遺伝的浮動で各遺伝子にたいし変化の方向はランダムなのにたいし、自然淘汰はある遺伝子にたいしてのみ働き、特定の方向へと変化させる。非常に大きな集団では自然淘汰は、比較的遺伝的浮動によって妨げられることはない。山間部とか島に住むような小さな隔離された集団といった特殊な場合、遺伝的浮動が支配的な力となりやすいが、自然で真に創造的な力は自然淘汰である。

いかにして自然淘汰によって、目や耳のようなすばらしい器官や生命体の機能がつくりだされたか、ときどき不思議に思う。このような完全で複雑な器官が生ずることはきわめて起こりにくいように思えるが、自然淘汰は起こりそうもないことを生み出す力である。というのは、特定の環境で生命体に有利であれば、どんなときでも自然淘汰は突然変異で生じた非常に稀な新しい形質を自動的に取り上げるからである。もちろん目や耳のように複雑な器官は、ひとつの世代で、つまり一回の突然変異でつくられるわけではない。同じ方向に働く非常に多くの変化の積み重ねでつくられるのである。

自然淘汰はどの遺伝子でも標的にすることができる。突然変異は、何百万年にもわたり特定の複雑な諸機能に適応してきた遺伝子におけるランダムな変化だから、しばしば有害で病気や死をもたらす。生存や繁殖を弱める突然変異は、自然淘汰によって自動的に排除される。とはいえ、遺伝子変化の多くは有利でも不利でもなく、つまり「選択に関し中立的」であり、ランダムな浮動の生ずる機会がもっとも大きい。歴史データがないため、選択に関して中立な遺伝子の浮動による集団へのひろがりと、自然淘汰による有利な突然変異のひろがりとを区別するのはむずかしい。少数の例では淘汰は急速に働き得るが、特定の対立遺伝子が淘汰で有利か不利かの差は通常は僅かで、すぐれた遺伝子としてとってかわるには何千世代も、いや何万世代も要する。人類の場合、一〇〇〇世代はおよそ二万五〇〇〇年にもわたる。もしある遺伝子が選択的に有利であれば、自然淘汰によって僅か数百年ないし二、三〇〇〇年でひろがることができる。これがほぼ確かである例が北ヨーロッパやアフリカの一部での成人に見られ、彼らは牛乳中の糖分であるラクトース（乳糖）を消化できる。どこでも子供は三歳か四歳になるまで牛乳を消化できるが、母乳をのむのをやめるとこの能力を失う。ヒツジ、ヤギ、ウシなどを飼う集団では、成長しても乳をのむ。ラクトース消化は成人の間でも選択的に有利である度合いが強い。動物の家畜化は最近一万年のことだが、この期間にラクトース消化の能力は、成人が乳をのむ牧畜集団ではほぼ一〇〇％に達した。

したがって、その持ち主にとって選択的な有利さが大きい遺伝子にたいして、自然淘汰は確かにとくに急速に働くことがあり得る。有利な遺伝子の淘汰は、集団での頻度が最初は低かった遺伝子でも、それを固定してしまうのが普通である。どんな進化過程も、ひとつの個体に現れた突然変異からはじまる。ある突然変異が非常に有利で、その後の世代において数が増加する場合でも、最初はごく少数（普通はひとつ）の個体に存在するだけである。したがって、それは浮動にさらされ、浮動によって潜在的には成功するはずの突然変異も除かれてしまう。だが、その継承者が増大すれば、ランダムな消滅は起こりにくくなる。

要約すると、自然淘汰は、遺伝子の型（遺伝子型、ゲノタイプ）の差による生存率や繁殖率の差によってきまる。死亡率を下げ繁殖率を上げる遺伝子の頻度が後代の世代で大きくなる。とくに若年者の死亡率を高め繁殖率を低める遺伝子型は集団のなかから消えて行きやすい。個体が生きる環境にたいする個体の生物的な適応は、生存と繁殖の能力のみによって測られる。この過程は完全に自動的で、「適者生存」であり、より正確にいえば、生存率と繁殖率の高い（遺伝的により適している）個体が将来の世代でより多いことが、自然淘汰の基礎である。

ヘテロ接合体の優位

十九世紀を通じて、人種の純粋さという考えに大きな注意が払われた。いまでも品種の完成は育種家にとって重要な目標である。ドッグショーやキャットショーでは、恣意的ではあるが、美的完成の理想が立てられ、トレーナーは動物をそれに近づけるように努力する。だが、しばしばこれは非生産的努力に終わる。育種家が知っているように、近縁の動物の間で交配――同系交配をかさねて遺伝的純系を求めると、病気にたいする抵抗力を危険なまでに低下させる。その逆の――他系交配のほうが望ましい。というのは、どの種においても、交雑によって一般的に病気にたいする抵抗力と全体としての生育力が増すからである。これがいわゆる「雑種強勢」である。ひとつの遺伝子の交配を考えるときは、ヘテロ接合体の優位を論ずる。ヘテロ接合体とは、父と母から異なる型の遺伝子を受け取る個体である。

ヘテロ接合体の優位の古典的な例は鎌状赤血球貧血である。例外もあるが、主としてアフリカ人を冒す。似た例として、南ヨーロッパ系の人々の間に多い例、サラセミア（地中海貧血）と呼ばれる、生殖力をもつまでに普通は死んでしまう重症の貧血を起こす遺伝病の原因である遺伝子を考えてみよう。その遺伝子はふたつの僅か異なる対立遺伝子、正常なNと異常なT（サラセミアを起こす）の形をとる。そこにはつぎのような三つの遺伝子型がある。

NN：両親から正常なNを受けた個体は「正常な」ホモ接合体になる。

NT：親の一方から正常な対立遺伝子Nを、他方の親からサラセミア遺伝子Tを受けた者はヘテロ接合体になる。正常なホモ接合体のように、発症しない（だが、簡単な血液検査で識別される）。

TT：両親からサラセミア対立遺伝子を受けた者で、異常遺伝子であるTについてホモ接合体であり、発症する。

いくつかのヨーロッパの人類集団では、たとえばヴェネチアとボローニャの間に位置するイタリアのフェラ地方では、新生児のうちの約一〇〇分の一はサラセミア症である。冒された者のほとんどが若死にする。ヘテロ接合体は集団の一八%で、残りの八一%は正常なホモ接合体である。

ここで重要な問題は、成人になる前に死が避けられないのに、なぜそんなに多くの者が病気を持っているかである。明らかに彼らは選択的に不利であり、自然淘汰によってこの病気は消え去るべきである。だが、真相はもっと複雑である。何世紀もの間フェララ地方は致死率の高い伝染病であるマラリアに冒されてきた。たまたまサラセミアについてのヘテロ接合体はマラリアにたいし抵抗力を持っている。正常なホモ接合体はマラリアに屈伏させられる場合が多い。第二次世界大戦が終わるまでフェララのマラリアの発生率は非常に高かったため、正常なホモ接合体の約一〇分の一はマラリアで死亡し、ヘテロ接合体はほとんどいつも生き残った。これらの数値をもとに若干の計算をほどこすと、各世代ごとにN遺伝子とT遺伝子が等しい比率で消えていくことがわかる。前者はマラリア、後者はサラセミアのためである。したがって、充分に強烈なマラリアが起こるまでは、集団のなかでサラセミアは安定した頻度を維持して残存する。サラセミア対立遺伝子が集団をある程度までマラリアから守るのである。事実、サラセミアによる少数の死（一％）のお蔭で、サラセミア対立遺伝子はマラリアで死ぬはずのNホモ接合体の八・一％を救ったのである。

もしマラリアが消えれば、サラセミアも消えるだろう。というのは、正常なホモ接合体とヘテロ接合体の生存率は同じであるのにたいし、TTホモ接合体は若死にするからである。マラリアの激しさの増減に応じて、サラセミアの頻度も増減することになる。

この種の自然淘汰をヘテロ接合体優位と呼ぶことはすでに述べた。ふたつのホモ接合体の生存率や繁殖率がヘテロ接合体よりも低い場合は、必ずそのふたつの対立遺伝子は集団内にとどまり、自動的にそれらの頻度は調節され、いずれの世代においてもふたつの遺伝子の残存比率は等しくなる。この時点は数世代後に到達するが、ふたつの対立遺伝子の相対的頻度、したがって三つの遺伝型の相対的頻度は、それ以上は変わらなくなる。

鎌状赤血球貧血はサラセミアと多くの点で同じ特徴をもち、とくにアフリカ人、アラビア人、アジア系インド人の間で多い。多くの異なる型があるが、サラセミアを起こす遺伝子と似ている遺伝子、あるいは鎌状赤血球貧血の遺伝子の場合、突然変異体は高い頻度に達する機会を持たない。というのは、その頻度は、ヘテロ接合体の選択的優位と、通常は大きく不利な病気に冒されたホモ接合体との間の、微妙な均衡に支配されるからである。マラリアは——もっとも悪性の寄生虫であるプラスモディウム・ファルシパルム（マラリア病原虫）によって引き起こされたときは、重い病気となり、貧血を起こし、他の伝染病にたいする抵抗力を低下させる。そのためとくに幼児の死亡率が高い。数通りの異なる遺伝子によってマラリアにたいする抵抗力が増す。主としてそれらは、少なくとも一五〇〇年ないし二〇〇〇年以上何らかの型のマラリアと共存してきた集団において高い頻度で見られる。それほどの時間を経ることで、自然淘汰によって、きびしい風土病のマラリアにさらされてきた集団の多くに見られる高い安定した遺伝子頻度に達する。

われわれにはヘテロ接合体優位を経験する遺伝子の数がどれほどであるかがわからないが、それは「人種の純粋さ」を不可能にするひとつの要素である。この種の自然淘汰によって、つねに集団のなかで遺伝子の不均質が保たれ、やがてヘテロ接合体が優位になる。

集団間の遺伝子の変異

われわれは進化の速度の直接的な測定結果を僅かしか持っていない。というのは、過去の世代の遺伝子頻度がわからないからである。だが、空間的にいかに遺伝子が変化するかはわかっている。しかも、時間的変化と空間的変化との間には密接な関係が存在する。それをもとにすると、明らかに遺伝子によって進化の速度は大幅に異なる。

もし人類の全歴史を通じての集団の実効的な規模と移住の度合いがわかれば、そしてどの遺伝子が自然淘汰にさらされたかがわかれば、地球全体にわたっての遺伝子変異の分布を予測できるだろう。浮動という性質のため、ただその予測は確率的になるだけである。全体を通じてどの遺伝子についても同程度の変異を想定する。その理由は、どの遺伝子にとっても集団の規模は同じだからである。自然淘汰が働けば、進化的な変化の速度は増したり、減ったりする。だが、遺伝子が異なると、淘汰の度合いも非常に異なる。他方、淘汰の跡をまったく示さない遺伝子も多い。

その他の要素も浮動の影響を限定する。ほとんどの場合は近くの村との間であるが、移住のため集団間ではほとんどつねに遺伝子交換が起こっている。この移住（遺伝子流）によって、村と村との間の遺伝的変異は低くなる傾向にある。もし遺伝的変異が極端に大きければ、村、国、大陸の間で遺伝的差異は存在しないだろう。しかし、集団間の遺伝的差異を消してしまうほどの移住が起こらなかったことは明らかである。高い突然変異率は移住と似た効果をもち得るが、われわれが調べた遺伝子のほとんどは、むしろ突然変異率が低い。突然変異率が高い遺伝子は認識できるのが普通である。というのは、それらはより多くの数の対立遺伝子をもつからである。

遺伝子のなかで地理的変化が最大なのはイムノグロブリン遺伝子である（感染病にたいする体の防御で主要な働きをし、抗体をつくる）。病気の分布にはかなりの地理的変化があるため、それらの病気からわれわれを守る遺伝子に大きな意味をもつ地理的変化があるのは当然である。その結果われわれは浮動によるのとは非常に異なるパターンを期待する。他方、さまざまな種類の感染病も、それらからわれわれを守る遺伝子も進化ゲームをくりひろげる。われわれの防御をかわすため、細菌もウイルスも寄生虫もつねに突然変異をくりかえす。こうしたランダムな軍備競争の効果は、偶然が病原性生命体の遺伝的変異を起こす上で大きな働きをするが、病原性生命体の遺伝的変異は選択的に中立な遺伝子と同じほどは人類集団の規模に影響されないという意味において、浮動と非常に似ている。したがって、イムノグロブリンの進化の分析の結果と、実効的な集団の規模によって支配される遺伝子の分析から得られる結果（すなわち浮動）とが、変化全体の率がより大きい点を除いて、似ている理由は容易に理解できる。

HLA遺伝子にも同じことがあてはまる。この遺伝子は重要で、より変異に富み、われわれの免疫における個性に関係し、感染病にたいする免疫的防御にも関係している。こちらのほうが状況がさらに複雑である。HLA遺伝子には多くの対立遺伝子がある。あるものはどこにでも見られ、他のものは特定の地域に限られる。もっとも変わった変異のパターンは（とくにHLAだけでなく他の遺伝子についても）、全般的にいって地理的変化も最大である南アメリカの土着の集団において見られる。世界の他のほとんどの集団は非常に多様なHLA対立遺伝子をもつが、ひとつの、あるいは少数の南アメリカ土着集団においては、ひとつのHLA変異体が存在し、よそでは稀か知られていないが、高い頻度を示す。近くの集団はまったく異なる組み合わせの対立遺伝子を含むことが多い。ある集団においてそうした高い頻度が自然淘汰のためである可能性を除くのは容易ではないが、この場合、浮動もまた大きな役割を果たしたように思われる。

こうした理由から、進化の速度を予測するのは複雑な問題である。だが、ひとつの集団の詳しい研究の助けによって、遺伝的変異が本質的にランダムなのは、遺伝浮動のためかそれとも（抗体遺伝子やHLAの場合のように）ランダムに変化する自然淘汰のためか、それを決めることができる。というのは、われわれは集団の規模が浮動による変異にどのように影響するかを知っており、またわれわれは観察の誤差をへらすため調べる遺伝子と個体の数を容易に増やすことができるからである。

だが、ある種の遺伝子のなかには、集団がちがってもほとんど変わらないものもある。そのような場合、ヘテロ接合体優位がおそらく遺伝子頻度を安定化させ、その後の進化を抑えるのだろう。遺伝子の均一性が判然としている場合もある。たとえばマラリアの流行地域では、サラセミアが頻繁に発症する。だが、分子レベルの分析が示すところでは、ある地域では多くの異なるサラセミア対立遺伝子が存在し、この不均質はDNAレベルの研究によってのみ観察される。しばしばサラセミア対立遺伝子によって、昔の移住に関する情報を得ることができる。

多くの遺伝子において、地理的な非均質性で見て中間的な地域が、免疫に関係する遺伝子が非常に多様な地域と、まったく変異のない地域との間に存在する。おそらくそれらは、すべての環境に共通なヘテロ接合体優位という条件によるのだろう。集団間での遺伝子頻度の変化の平均レベルは、選択的に中立な遺伝子の頻度と、一万年以上前の現生人類について推定される規模の集団の遺伝子頻度との間にほぼ収まる。それ以後、食糧生産で大きな技術革新があった。それによって人口が大幅に増加し、次第に浮動が凍結されていった。したがって、人類進化のとくに初期において、遺伝的浮動が主役を果たしたと思われる。最近では特別な条件下に限られる。幾つかの遺伝子の場合、非常に高い変異や極端に低い変異は、自然淘汰によって生じたに違いなく、それによってそうした遺伝子の進化は加速されたり、減速されたりした。

進化速度の平均は一定か

（強い淘汰を受ける遺伝子を除き）多くの遺伝子について平均値として計算される――進化の速度が進化の樹の異なる枝の間でも確かにほぼ同じであれば、進化の樹の再構成は非常に簡単になる。すでにわれわれには、進化の速度に影響する諸要素についての考え方が与えられている。実相がわれわれの仮説ほど単純なのを保証する能力を、われわれが持っているだろうか。

すでに遺伝距離の表で見たように、遺伝的にアフリカが他のいずれの大陸からももっとも遠い大陸である。実際に、アフリカと他の四大陸との間の遺伝距離は二一・七 ± 一・七で、大洋州と他の三大陸の間の一二・七 ± 一・四の約二倍である。この数値は、平均値間の差である九・〇が統計誤差のレベルよりも大きいことを示す。それ以外の距離はすべてはるかに短い。この結果についてはすぐれた歴史的説明が存在する。それについては後で述べる。

進化速度の一定性の問題を検討するため、アフリカと他の大陸との距離を見ると、大洋州との間は二四・七、アジアとの間は二〇・六、ヨーロッパとの間は一六・六、アメリカとの間は二二・六となっている。明らかに最短はアフリカとヨーロッパ、つぎがアフリカとアジアである。もし進化の速度がほんとうに一定であれば、（標本が小さいための統計誤差の範囲内で）四つの値は同じだろう。

ヨーロッパからの距離が変則的に短い。北アフリカにはヨーロッパ人に似たコーカソイドが住んでいる。だが、われわれはそれらの集団を除外し、サブサハラ・アフリカに限定した。おそらく両方向の移住を通じて、近くの大陸との間でかなりの交換があったとするのが、そのもっとも簡単な説明である。

別の比較によっても、ふたつの大陸の近さが遺伝的類似性に寄与したと考えられる。たとえばアジアはアフリカの隣で、アメリカや大洋州より遺伝的にはアフリカにより近い。大洋州と他の大陸との間の遺伝距離の比較でも、似た状況が存在する。アジアとは一〇・〇、ヨーロッパとは一三・五、アメリカとは一四・六である。最短距離は、もっとも近い大陸のアジアとの間である。

もし各大陸の進化速度が一定であれば、近くの大陸との類似性がより大きいということは存在しない筈である。だが、このずれ、逸脱は重要ではない。そうしたずれは、各大陸で浮動あるいは淘汰の度合いが異なるためである必要はない。底にひそむ原因は、近くの集団との間での遺伝子交換である。移住者を交換した集団間の遺伝距離を短くすることによって、遺伝子交換が遺伝距離を変えるのである。そこで私はつぎのように結論する。それぞれの枝での進化が完全に独立でなくても、ずれはわれわれの結論をくつがえすほど大きくない。つねに移住はかなり短距離に限られるが、それにもかかわらず移住はずれを引き起こす。

大移住と小移住

人類はつねに動いている。われわれの歴史を通じて、われわれすべてが狩猟者か採取者だった。

牧畜者や農業者だったのは、最近の一万年のことにすぎない。狩りの縄張りは互いにそれほど離れていないし、その支配者もあまり頻繁には変わらない。アフリカのピグミーの場合、複数の縄張りがひとつのグループ（狩りの仲間）に属し、夫は妻の縄張りを自分のものにする権利をもつ。そのためピグミーは比較的遠くの女性との結婚を求める。それによって自分の影響範囲をひろげつつ、近親者との結婚の機会をへらすという規則に従う。

ピグミーは従姉妹との結婚を避けるが、それ以上に離れた姻戚関係までたどらない。狩猟者や採取者は農民よりも大きな移動力を必要とするが、最近のデータではその差はそれほど大きくない。しばしば牧畜者は五〇〇キロメートルないし一〇〇〇キロメートルも移動する。だが、そうした季節的移動は長年にわたって限度をこえない。ランダムなノマディズム（遊牧）はないに等しい。現在も世界ではそうした移動が継続されているが、それに関与するのは少数の羊追いだけで、集団全体ではない。他にも移動する理由はあるが、市場や祭りなどへの参加であり、住居を移すには至らない。だが、移動は配偶者と出会う上で重要である。

移住の大きな理由は結婚である。というのは、少なくとも配偶者の一方（多くは妻）は相手と一緒になるため移動しなければならない。今世紀に輸送手段は大きく変化したが、かつての移動距離は限られ、汽車などの新しい輸送機関がひろく使われるまでは、一日の徒歩旅行をこえるのは稀だった。

遺伝の観点からすれば、問題になる移住は、親と子の誕生地の相違をもたらすものだった。それには配偶者の片方あるいは両方の、さらにその後の居住地の変更をともなった。

夫と妻の誕生地間の距離のデータが、もっとも集めやすい移住データであるが、それはつぎのことを示す。

（一）　熱帯地域の狩猟採取者の平均移住距離は三〇ないし四〇キロメートル（人口密度がきわめて低い極地のエスキモー人の場合にくらべ、はるかに短い）。
（二）　人口密度の低いアフリカの農民では平均一〇ないし二〇キロメートル。
（三）　十九世紀のヨーロッパの農民では五ないし一〇キロメートル。
（四）　右の値が十九世紀の後半には、鉄道建設にともなって長くなりはじめた。

これらは低レベルの移住である。配偶者間の距離にしぼると平均値は小さくなる。というのは、ほとんどの結婚は同じ村や町の住民間で、ときには数ブロックしか離れていない間で行われるからである。仕事、学校、レクリエーションなどで近くの者に出会うのだから、これは何ら驚くべきことではない。もっとも小さな村の場合でも、イタリアの地方の集団の結婚は、同じか近くの村の相手の間で行われる。遠くの村からは稀である。

家族ないし個人の「小規模な」移住が、遺伝距離と地理的距離の関係（第一章で論じた「距離による隔離」）の背後にある。

それに反して、大量移住はまったく異なる現象である。はるかに稀だが、人類の歴史では非常に重要である。大量移住のひとつの型は、新しい地域への計画的な移住であり、それをわれわれは植民（コロナイゼーション）と呼んできた。歴史的には数例がある。ギリシア人やヘニキア人の地中海沿岸への、ヨーロッパ人の南北アメリカ、オーストラリア、南アフリカへの植民などが含まれる。先史時代にも多くの植民があったに違いない。その幾つかを第四章で知るだろう。

記録された歴史によると、植民は組織的で、多くは人口過剰が動機だった。それ以前にも、それほど組織的でない移住があっただろう。人口増加で飽和に達し移住をうながす。人口増加のつぎのサイクルが始まり、新天地でも繰り返される。第四章でそうした拡大が遺伝子地図の上に特徴的な跡を残したことについて述べる予定である。

遺伝子の変異の地理的な研究は、進化の樹をもとにするアプローチと非常に異なる。問題が解かれる一方で、別の問題が生ずる。樹の研究では、普通は遠く離れた少数の集団を選び、それらの歴史的な関係を定めようとする。すべての人類は共通の祖先をもつから、ひとつの、あるいは少数の集団が大きくなり、地球上にひろがりはじめ、新しい大陸にたどりつき、最後に全地球を覆ったと考えることができる。ひとつの地理的な地域から遠く離れた地域へのこの種の移住は、分裂に相当する不連続をもたらす。それが繰り返される過程は、樹の枝分かれのパターンに相当する。したがって、移住のあとの根拠地と植民地との分離によって、遺伝子の分化が生じ得る。それにたいし近所への移住は反対の効果、均質化をもたらす。

だが、植民の過程は、初めの段階であっても、それほど断絶的でないことがあり得る。さらに後代の拡大と発展のなかで、近くの集団が頻繁な相互的な遺伝子の交換を行うのはありそうなことである。そうした混合によって、枝分かれのモデルは人類の進化を表すのに不適切になってくることがあり得る。一般的にいって樹による再構成は、地理的なモデル、あるいは他のより特異なモデルにくらべると、それほど有用ではない。だが、樹は集団の類似性を感じさせてくれるし、ときに混合を認識させてくれる。

進化の樹の妥当性についてのひとつの重要な照合基準は、すべての遺伝子、つまり用いた特徴のすべてが、同じ結果をもたらすか、少なくとも説明可能な差異をもたらす点である。ひろく離れた集団について充分な遺伝子を研究し、結果の安定性を確かめるため統計的なテストが加えられるならば、しばしば樹の構造にたいし強い支持が与えられる。個々の枝は問題を起こすかもしれない。混合によって生じた集団、あるいは近所から長く継続的に遺伝流によって影響されてきた集団のため、枝は非常に短くなるかもしれない。そうした場合、枝の位置は樹の中央のほうへ移されるかもしれない。たとえるならば、国の各部から人口流入をうける首都は、国を樹に表すとき中央の位置を占めるようなものである。枝の長さは遺伝的浮動にも影響される。創始者が非常に少ない集団、あるいは人口増加が阻害された集団にたいする枝は、過度に長くなる。

個々の遺伝子の標本がかなり似ている場合でも、そこには差異があり、多くの情報を与えてくれる。これまで用いられてきた遺伝子の標識はほとんどがタンパク質だった。つまり、遺伝子そのものでなく、遺伝子の生成物だった。直接ＤＮＡを調べるのに用いられる最近の標識はタンパク質の標識よりもすぐれているが、欠点がひとつある。それは少数の集団についてしか研究されていない点である。それに反し多くのタンパク質標識は何千という集団について調べられている。

生きている生命体だけの分析から人類の進化における諸問題に満足な解答が得られるようになる

には、まだ多くのむずかしい課題が残っている。つぎの章でわれわれは、異なる遺伝体系からのデータと、別の手段として歴史の再構成で助けになる考古学の結果との比較で生ずる問題の批判的な研究に取り組むことにする。

第三章　アダムとイヴ

誰が現生人類か

大型の類人猿がわれわれにもっとも近い生物だと最初に指摘したのは、ダーウィンだった。われわれにもっとも近いチンパンジーとゴリラがアフリカにしか棲んでいないことから、われわれは共通の祖先からアフリカで進化したにちがいないと、ダーウィンは結論した。チンパンジーと人類の共通の祖先がおよそ五〇〇万年前に生きていたことがわかっている。さらに遠いゴリラとの分岐にたどりつくには時間的にもっと遡らねばならない。オランウータンと共通の祖先となると、一三〇〇万年前になる。それにしても、毛が赤くて長いが、オランウータンは驚くほどわれわれと似ている。オランウータンは東南アジアに棲息し、チンパンジーとゴリラはアフリカに棲息している。チンパンジーから分かれたあとのわれわれの祖先のなかで、アウストラロピテクス人の化石はアフリカでしか見つかっていない。

ホモと呼ぶわが種の最初のメンバーはホモ・ハビリスで、約二五〇万年前に出現した。ホモ・ハビリスは粗末な石器をつくり、完全に二足だった。彼らの脳はすぐ前の祖先や現在の類人猿のものよりも大きかったが、まだわれわれのものよりも小さかった。ホモ・ハビリスがアフリカで進化した点については異論がない。そのあとを継いだのがホモ・エレクトスだった。われわれにつながる系統で最初にホモ・エレクトスがアフリカを離れ、旧世界を探検した。最近得られた証拠が示唆するところによると、ホモ・エレクトスの移住は二〇〇万年前にはじまった。それまで信ぜられていた一〇〇万年前とは異なる。

約五〇万年前のホモ・サピエンスの到来によって、人類は現生人類と同じ体積の頭蓋骨をもつようになった。だが、ホモ・サピエンスの特徴の多くは類人猿的で、完全に現生人類のと似た頭蓋骨が現れたのは南アフリカと東アフリカで、やっと一〇万年前からのことである。

最初期のアフリカの標本とほぼ同じ年代の現生人類の頭蓋骨が中東で発見され、混乱が生じた。中東はアフリカに近く、陸地でつながっているが、この発見によって現生人類の起源について疑いが生じた。アフリカなのか、それとも中東なのか。だが、アフリカのほうが起源として蓋然性が高いことが明らかになった。というのは、アフリカで発見された他の頭蓋骨のほうが古くて、より昔の祖先と現生人類との間の過渡的段階にあるからである。

さらに話は込み入ってきた。ネアンデルタール人――後期ホモ・エレクトスかホモ・サピエンスのひとつの枝分かれで、二〇万年前ないし三〇万年前ヨーロッパと西アジアでしか見られなかった――が、中東に六万年前に現れ始めていたのである。考古学者のリチャード・クラインが示唆するところでは、アフリカから中東への現生人類の最初の移住は約一〇万年前に起こったが、失敗した。気候が局部的に寒冷になったというのが可能性の高い説明である。他方、ネアンデルタール人はヨーロッパの寒い条件にすでに適応していたので、その頃彼らが中東へ移住してきたが、そこには現生人類はいなかったというわけである。

長く一部の化石人類学者は、現代のヨーロッパ人はネアンデルタール人の直接の子孫だと考えていた。だが、すでに第二章で知ったように、（とくにネアンデルタールの名前のもとになった最初の標本の）化石DNAの最近の分析によって、それは正しくないことが判明している。これら一連の研究によって、ネアンデルタール人は祖先の系統から約五〇万年前に分かれたことが明らかになった。約四万年前に彼らは急速に消えていき、こんにちでは完全に絶滅した。

現生人類は、ネアンデルタール人が完全にいなくなる前に、増加してアフリカから世界の他の地域へひろがった。規模の大きな人口増加では、どの場合もその背後には重要な理由が存在する。現生人類の場合、最重要なのはおそらく技術革新だった。それによって食糧生産、運搬、気候への適応が向上した。さらにいえば、もうひとつの特異な革新がアフリカ生まれの現生人類を助けた。それは全世界への移住だった。

約五〇万年前ホモ・サピエンスが出現するまで、人類の脳の体積は増加をつづけた。頭蓋測定によると、大体その頃、ないしその少し後に、人間の脳の体積の増加は止まった。コンピュータの用語でいえば、少なくとも表面的には、まず「ハードウェア」が改良されたあと、それでは足りないので、「ソフトウェア」の強化の必要が生じた。

進化の上でわれわれにもっとも近い霊長類と人類との間には、大きな差異が少なくともひとつ存在する。われわれは、他の種よりもはるかに発達した豊かな言語でコミュニケートできる。チンパンジーやゴリラは学習によって三〇〇ないし四〇〇の単語が使えるようになる。だが、それには特別な努力と、非音声的なコミュニケーションが必要である。というのは、彼らは舌や咽頭を調節してわれわれのと同じような音を発することができないからである。それにたいし平均的な人間で語彙の数は少なくともその一〇倍ないし二〇倍で、多いと一〇万語以上になる。ゴリラは記号を使って単純な物を指示できる。だが、研究者がつくった特別な言語で話しかけないと、その記号を理解できない。彼らは本当の文をつくるのが非常に困難で、文法や統辞論を生み出すことはできないらしい。

すべての現生人類が複雑な言語を使う。「プリミティヴ」な言語は存在しない。いま話されている五〇〇〇以上の言語の柔軟性や表現力は同じである。それらの文法や統辞論はひろく使われる英語やスペイン語よりも豊かで精細なものもある。英語やスペイン語は何世紀も経るなかで単純化された。正常な知能をもつすべての人類がどんな言語でも習得できる。ただし幼いときに始めるという条件がつく。五歳ないし六歳をすぎると、ある言語で完全に流暢になることはできない。言語習得能力がその年齢以降は急速に減退する。思春期以後になると、第二言語の完全な発音はほとんど不可能になる。これが外国語教育を小学校ではじめる有力な理由である。だが、これが絶対的法則であることを認める政府は非常に少ない。

間接的な証拠によると、現生人類の言語は、五万年前ないし一五万年前に今と同じ発展段階に達した。考古学者のグリン・アイザックが注目するように、この時期の旧石器文化はそれぞれの地域で分化が激しくなった。考古学者がこの時期の文化に与えた多くの名前に、それが反映されている。石器文化におけるそうした変化の高揚と、それにともなう言語そのものとその方言の地域ごとの分化とともに、言語の複雑さが全般的に増大した。今の言語と似た言語のお蔭だが、より洗練されたコミュニケーションの可能性によって、われわれの祖先の探検と入植の能力が高まった。おそらく六万年前ないし七万年前から現生人類はアフリカから移住をはじめ、南米の南端のフエゴ島、オーストラリアより南のタスマニア島、北極海の沿岸、ついにはグリーンランドのような遠隔の居住可能地域にまで到達した。

すでに述べたが、道具づくりの技術改良をはじめとする過去一〇万年にわたるさまざまな技術革新が、アフリカからの人類の最後のひろがりで最大の要因だった。だが、それよりも重要だったと思われるのは航海術の進歩だった。舟や筏で八〇〇〇年よりも古いものは残っていない。というのは、木は長くもたないからである。だが、東南アジアとオーストラリアとは、数カ所で幅七〇キロメートル以上の海峡で分けられている。四万年よりも前、おそらく五万年前から六万年前の間に、もし人類がオーストラリアに到達できたとすると、航海術はそれよりも早くから獲得していただろう。そうだとすると、現生人類によるアジアへの植民の少なくとも一部は、アフリカの岸辺から、アラビア、インド、ミャンマー、そしてインドネシアへと、アジアの南岸に沿っての航海によって実現したことになる(もちろん一世代のうちにではなく、何百世代もかかってのことである)。陸地の道よりも海岸沿いのほうが容易であり、魚や貝から別の食物へ変える必要もなく、新しい風土に適応する必要もなかった。

現生人類による世界への植民

現生人類の進化でもっとも決定的な時期は、残念ながら放射性炭素法の範囲外である。その限界は約四万年だからである。新しい別の方法で範囲を六万年以上までひろげることができる。それは炭素を含む物質に左右されないという利点をもち、骨や木ではない道具の年代の推定が可能である。だが、その利用は始まったばかりで、その限界を弁えるには至っていない。人骨でたどれる最古のものしか考慮しないとしても、オーストラリア南東部に三万年以上前から現生人類が住んでいたことを示す信頼できる証拠が存在する。

各大陸への現生人類の最初の到着について、数通りの年代が考古学から与えられる。その年代は遺伝距離と比較できる。大陸への到着が古いほど、起源の大陸と新移住大陸の間の遺伝子の差異の蓄積時間が長くなる。したがって、遺伝距離は人類の各大陸への最初の到着時期を決定する上で非常に役に立つ。

現生人類はまず最初にアジアに到着したと見られる。すでに見たように、初めて中東に一〇万年前に移住してきたと思われる。寒冷な気候のためこの最初の移住が失敗したとすれば、第二の移住があったに違いない。だが、最初の移住者がより南へ退き、東南へ、アジアへと向かったかもしれない。アジアの東端へどのようにして到達したのか。最初の中東の居住地から出発したか、それと

移　住	遺伝距離	最初の移住時期（×1000年）	比
アフリカ→アジア	20.6	100	0.206
アジア→オーストラリア	10.0	55	0.182
アジア→ヨーロッパ	9.7	43	0.226
アジア→アメリカ	8.9	15〜50	0.59〜0.178

も東アフリカを出て、アラビアの岸に沿って移動し、インドを越え、東南アジアに達したのか。東南アジアからふたつの道をとることが可能だった。ひとつは南へ、ニューギニア、さらにオーストラリアへの道であり、もうひとつは北へ、中国や日本への道だった。

東アジアへの現生人類の到着については少ししかわかっていない。人骨の考古学的年代の測定値は、僅かに中国で発見されたものしかなく、年代は六万七〇〇〇年前だった。だが、これは測定法に問題があり信頼できない。

ヨーロッパへは、西アジアから、あるいは北アフリカから入っただろう。その年代はネアンデルタール人が消える少し前、約四万三〇〇〇年前だった。東北アジアからアメリカへの最初の移住を正確に割り出すのはもっともむずかしい。考古学による年代は、一万五〇〇〇年前から三万年前、いや五万年前という数字も挙げられている。

遺伝子の年代決定については多くの方法が開発された。もっとも単純な仮説では、集団間の遺伝距離は、最初に集団が地理的地域を占めた年代に比例すると見なす。より正確にいえば、比較する集団が分かれてからの経過時間に比例すると想定する。上の表は、各大陸の最初の占拠の年代を示す。そのもとになったのは、前述の考古学情報と、大陸の組合わせ間の遺伝距離である。遺伝距離は血液型とタンパク質多型から計算し、すでに第二章で示した表からの再掲である。右端の欄は遺伝距離と考古学的な年代との比を示す。最初の三つの遺伝距離と年代の比は互いに似ていて、比の間の差異は誤差の範囲にあって、遺伝距離と二つの集団の分離の時期にほぼ比例することを確認させてくれる。このことは、これらのデータに関するかぎりは、大陸間の進化的な分化の速度はほぼ一定であると言うことと同じである。

われわれは、アメリカへの最初の移住時期について信頼できるデータを持っていない。表の最下欄に極端な値が示されている。計算されたふたつの比からすると、考古学者が示唆する一万五〇〇〇年はあまりに新しく、おそらく最古の値は古すぎるように思われる。最初の三つの比の平均の〇・二〇五をもとに、われわれはアメリカへの時期を四万三〇〇〇年前と推定する（八・九÷〇・二〇五＝四三）。またアジア人とアメリカ先住民との間の遺伝距離としてここに与えられている数値はおそらく高すぎることに注意しなければならない。というのは、アジア人全体をもとにしているからである。実際にはアジアの東端だけがアメリカへの移住に関与した。より精細な推定としては、アジア人全体とアメリンド（アメリカ先住民）ではなくて、東アジア人とアメリンドの間の遺伝距離を用いることになるだろう。この本にはないが、別の表での遺伝距離は六・六であり、アメリカへの最初の移住時期は三万二〇〇〇年前となる（六・六÷〇・二〇五＝三二）。

考古学者の間での一致が得られないためアメリカへの到着年代について信頼できる数値を計算するのがむずかしいことを考慮すると、各大陸への最初の移住の時期と遺伝距離とはかなり整合している。だが、さらに精密化する必要がある。

非遺伝データ

初めから私は、血液型とかタンパク質のような遺伝形質だけが進化の歴史の問題に満足のゆく答を出してくれると信じていた。そのため、身長などの人体測定学的なデータのような外的性質は信頼できないのは明らかだった。というのは、それらは遺伝子だけでなく個体発生の環境的条件によっても影響されるからである。それらは栄養とか外気温度などの要素に応じて急速に変化する。さらに、長い間に環境は自然淘汰を通じてそうした性質の遺伝的基礎を変えてしまう。

環境の強い選択をうける性質は、集団が暮らした最近の環境条件をわれわれに教えてくれる。だが、そうした性質を変えるのにどれほどの時間がかかるかが、われわれにはわからない。したがって、進化の研究に最良の遺伝子は自然淘汰をうけないものになる。「偽遺伝子」（正常なタンパク質をつくることができない機能的遺伝子の複製）のような機能しない遺伝子、あるいはタンパク質をコードしないか、知られているような機能をもたない遺伝子が、主として偶然の影響（遺伝浮動）の対象になる。この種の遺伝子は「選択的に中立」といわれ、可能ならば進化の研究ではそれを使うことを選ぶ。チャールズ・ダーウインはそれに直観的に気づいていた。彼は、歴史の再構成にもっとも役に立つ性質は、「無意味な（トリビアル）」と彼が呼んだものであり、それらこそ偶然の影響を容易にうけると考えた。

すでに述べたが、この規則の例外は著しく変異する遺伝子である。たとえばＨＬＡ（われわれの遺伝的独自性を支配し免疫を助ける)、あるいはイムノグロブリン(感染病からわれわれを守る抗体として働くタンパク質)をつくる遺伝子などが、進化の研究ではもっとも重要である。だが、原理的にいって、とくにそれらが気候などの環境的要素と高度に相関する場合は、環境的要素が特定の感染病の蔓延に影響するため、それらはわれわれを迷わせる可能性をもつ。だが、偶然がつねにそれらの進化をきめる重要な要素であり、そのためこれらの遺伝子は非常に研究に役立つ。

とりあえず最初の進化の系統樹をつくる際には、古典的な人体測定学的な性質も並行して研究することが大切と思われる。というのは、むずかしい問題の解決を見いだすには、できるかぎり多くの関係する源から情報を集めるのが助けになるからである。もしそれぞれが異なる答を出すならば、その理由を説明しなければならない。遺伝的データが得られる集団とできるだけ密接な関係をもつ集団の人体測定学的なデータも、われわれは蒐集した。それをもとにつくられた系統樹は遺伝子による樹と若干異なることを示した。たとえば、アフリカ人とオーストラリア先住民とは互いによく似ていて、人体測定による樹でも同じグループに区分された。だが、遺伝子の研究では、彼らはもっとも大きな距離を示した。

当初われわれはこの点で悩んだ。だが、変則が生ずる原因は、単に人体測定的な性質が気候による淘汰を強くうけるためであることが明らかになった。われわれが知っているように、皮膚の色はほとんど日光の強さできまる。サハラ南部のアフリカ人、オーストラリア先住民、ニューギニア人は肌が黒く、他の身体的形質でも、とくに人体測定的性質では同じように適応してきた。いずれも彼らは他の集団よりも赤道近くに住む。また鼻孔など多くの形質が、生理学的に納得できる形で気候と、すなわち緯度と相関があることを、われわれは知っている。それにたいし経度は比較できるような環境的な差異を示さない。

皮膚の色をはじめとして人体測定学的性質は、現生人類が地表を移住する過程でさらされた気候による選択の影響を表している。それらの性質はとくに緯度とともに変化する。それに反し遺伝子は、人類の進化の歴史、とくに移住の標識として、非常に有用である。それらは経度とともにより変化する。

われわれが人体測定学的な研究で用いたデータは、多数の研究者から蒐集したので、測定方法に不統一があった。豊富な頭蓋骨の標本をもとに、ウイリアム・ハウエルズ（Howells, W. W. 1973）がみごとな詳細な分析をした。彼みずからがやった頭蓋骨の測定によって、われわれがひろく得られる人体測定的なデータをもとに計算した結果と非常に似た成果を彼は発表した。われわれは、気候の影響を修正し、とくに全体の大きさ（気候の影響を非常にうけやすい）の影響を除くことによって、頭蓋骨のデータと遺伝子データとの整合関係が改善可能なことを示すことができた。

同じ頭蓋のデータによる二回目の研究（Howells, W. W. 1989）でハウエルズは、とくに頭蓋骨の形を考えて大きさによる影響を除くことを試みた。形は主として顔と脳天（頭頂部）の関係を使って測定される。だが、形はまた気候による淘汰の影響を非常に受ける。寒冷地域で現生人類は脳天にたいし顔が非常に小さくなる。そのため頭の形が大きく変わってしまう。形を使っても結論は変わらず、ハウエルズの二回目の分析は最初の研究の結果を反復することになった。気候による自然淘汰に強く影響される性質は種の進化の歴史の完全な記述を与えることはできない。その一部、つまり、異なる集団が占めた環境の影響を示すだけである。蓄積された進化的分化の量は、分化がランダムな変化を反映するという条件下で経過した時間の尺度であるだろう。

遺伝距離の測定と系統樹の作成方法

われわれが遺伝の樹を使って現生人類の進化を再現する研究をはじめたあと、遺伝距離を計算する多くの新しい方法が提案された。また樹の新しい作り方も提案された。通常そうしたさまざまな方法にもかかわらず、結果の差異は些細なものだった。原理的に見て、もし遺伝距離の計算なり樹の再現に使われる方法の特殊性のため大きく結論が影響されるのでなければ、遺伝データから再構築した進化の系統樹の歴史的妥当性を信用してもあまり問題はない。なかんずく結論は使う遺伝標識に左右されてならない。もしそれらの要素が変わることで影響があれば、遺伝的形質と人体測定学的形質の間の食い違いを見いだしたときのように、われわれは要素の違いによる変化の理由を追求しなければならない。形質についていうならば、使う形質の数に結論が不可避的に依存することを覚えておかねばならない。つまり、使う形質の数が非常に少ないと、とりあげた形質によって結論が左右されてしまう。よく知られているが、この点はどんな観察にもつきまとう限界であり、適切な統計分析によって妥当性を検討できる。

すでに述べたが、経験が示すところによると、遺伝距離の計算に使われる方法のタイプは大きな影響を与えない。しかし、樹の再構成の方法は影響することがある。樹の再現法は大きくふたつに分けられる。第一は、進化について特定の仮定を置き、標準的な統計方法をとり、データと照合して検定するものである。だが、もっとも満足できる方法は（より複雑になるが）、「最尤法」と呼ばれるものである。この方法で試された進化仮説は通常もっとも単純なものになる。つまり、進化速度は一定で、それはどの枝でも同じで、ひとつの枝で起こったことは他の枝で起こったこととは独立である。もちろん仮説を変えることができる。そうするのが妥当ならばであるが、そういうことがときどきある。

第二の方法では、進化速度を可能なかぎり最低とする。この種の方法は、「最小進化（ミニマム・エヴォリューション）」とか「最大節減（マキシマム・パーシモーニイ）」などと呼ばれる。そのうちのひとつの「近隣結合法（ネイバー・ジョインニング）」は、コンピュータ計算が容易で、そのため人気がある。だが、突然変異率が低いことを除き、進化が最低限であるべきだとする理由は存在しない。進化的変化を可能な限り最低に抑えてみても、必ずしも正しい結論が導かれるわけではないことが証明されている。

われわれがこれまで示してきた結果は、ＡＢＯやＲｈのような血液型、主として酵素や他のタンパク質をコードする遺伝子などで観察される非常に多くの遺伝子頻度のデータから得られたものである。われわれが構築したデータバンクには、第一次世界大戦以降の学術誌に発表された、約二〇〇〇の集団についての約一〇万の遺伝子頻度に関するデータが含まれている。われわれが使ってきた樹や、つぎの章で示す地図などは、これらのデータから得られたものである。

われわれがＤＮＡを分析するとき、しばしば集団における遺伝子頻度の研究をやめ、個体を直接調べる。ふたつの個体の間の遺伝距離は、個体差をもたらしている変異の数を数えることだけで得られる。

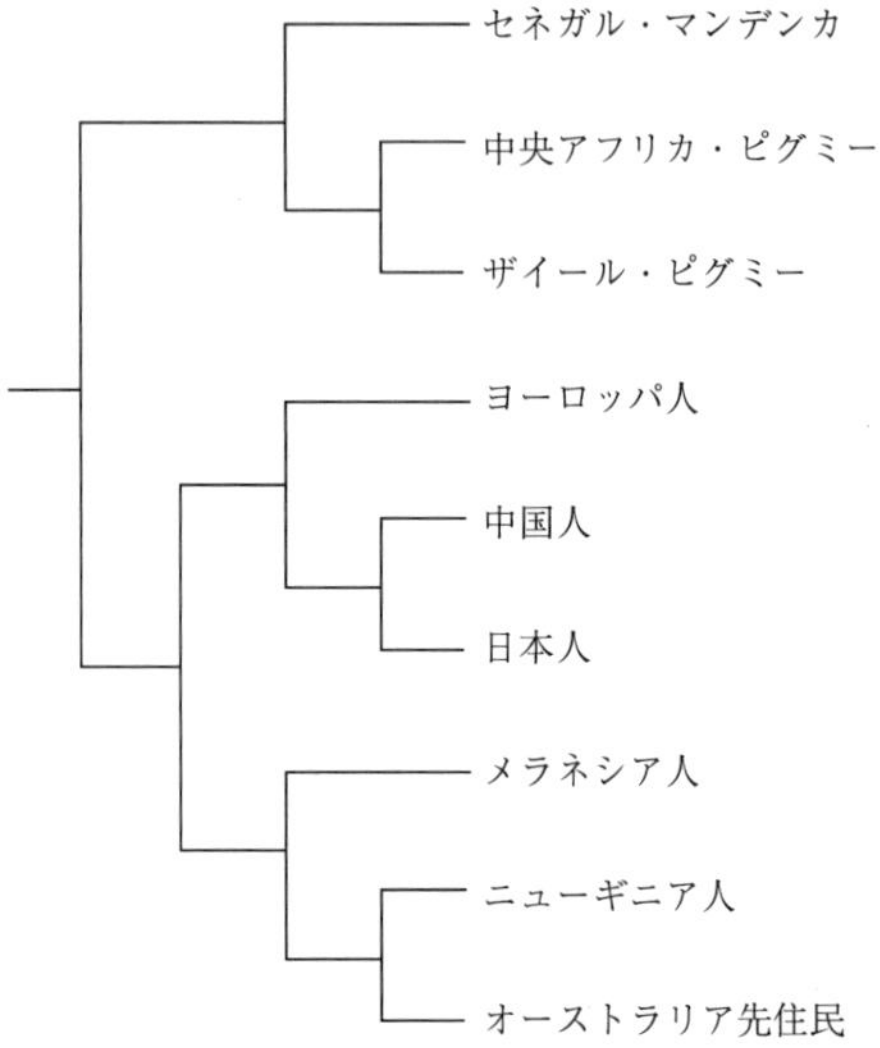

(A)

図 2A, 2B　九つの人類集団の系統樹（78 種類の DNA 制限標識と他の二つの方法による）。図 2 A は進化速度一定を想定した場合（平均結合法と最尤法による）。図 2 B は近隣結合法による（最小の進化によって観察される遺伝距離が生じたと想定する）。どちらの仮説にも大きな制約がある。図 2 B の樹における距離は計算値に比例させ、世界地図の上に描いた。数値は各枝について計算された値である。ヨーロッパの枝は明らかに短すぎる。〔データは Poloni et al. 1995〕

（B）

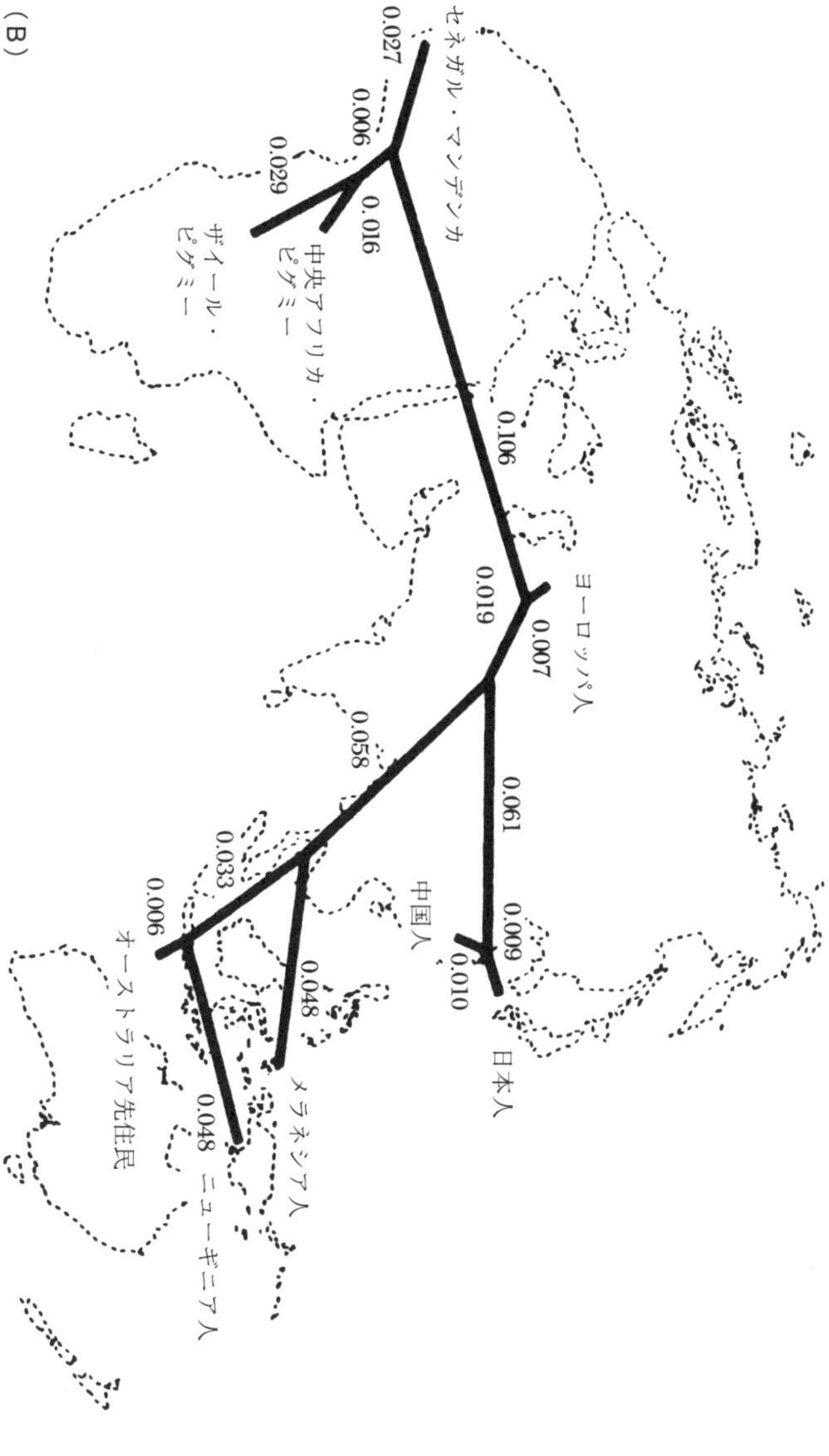
セネガル・マンデンカ
中央アフリカ・ピグミー
ザイール・ピグミー
ヨーロッパ人
中国人
日本人
メラネシア人
ニューギニア人
オーストラリア先住民
0.027
0.006
0.029
0.016
0.106
0.019
0.007
0.058
0.061
0.009
0.010
0.033
0.006
0.048
0.048

図2Aと図2Bのため用いた遺伝標識はDNA研究からのものである。DNAは遺伝物質であり、頭文字をとってA、C、G、Tと呼ぶ四種類のヌクレオチドから成り立つ。DNAにふくまれる遺伝情報はヌクレオチドの配列としてコードされている。配偶子（精子と卵子）のなかの人間の染色体の一組のなかに三〇億以上のヌクレオチドが存在する。DNAは二重らせんの形をとり、そこでヌクレオチドは対をつくっている。対として可能なのはAG、GA、CT、TCだけである。だから、一本のらせんのヌクレオチドの配列を知るだけでよい。Aの向かえにはG、Gの前にはA、Cの向かえにはT、Tの前にはCだけにそれぞれ限られる。

一個の精子（卵子）からDNAをとり、ランダムに選んだ他のそれと比較すると、平均して一〇〇〇のヌクレオチドの対当たり一対の差異が見つかる。したがって、一個の精子なり卵子のDNAの間には少なくとも三〇〇万の差異が存在することになる。これらの差異はすべて突然変異によって生ずる。それはDNA複製の際に自然に起こる誤りで、多くは一個のヌクレオチドが他のヌクレオチドによって置き換えられることで生ずる。新しいDNAは、稀にしか起こらない突然変異を別にすると、古いDNAのコピーである。したがって、新しい突然変異は親から子へ伝えられる。突然変異はひとつの集団のなかに蓄積される。ひとつの人類集団で見いだされるふたつの異なる対立遺伝子を分離させた突然変異は、何万年とか何十万年という古さをもつ。

DNAの特定の部分のすべてのヌクレオチドの配列を調べることで、ふたつの個体の間のDNAの差異を見つけ数えることができる。だが、その手続きは煩雑で、いまでは簡単に突然変異の存在を同定する多くの近道がある。

ＤＮＡの変化を調べる最初の方法が一九八一年に使えるようになった。それはいわゆる「制限」を用いる。それには多くのＤＮＡを要するので、ＤＮＡの量をふやすことが普通になった。そのＤＮＡは少量の血液から得られる。そのうちの白血球細胞――抗体をつくるＢリンパ球――を形質転換させ研究室での培養でふやす。やや詳しくいうと、その過程で細胞をエプシュタイン・バール・ウイルス（ＥＢＶ）に感染させ、無限に分裂させる。この方法には「不死化（インモータライゼーション）」というニックネームが与えられた。もちろんそれはある個体の非常に特殊な細胞であり、不死化されるのは個人全体ではない。このようにして大量のＤＮＡを発生させ、多くの検査に使うことができる。これには新しく集めた細胞が必要だが、液体窒素で凍結しておいた細胞をずっとあとになってから使うこともしばしばある。ポリメラーゼ連鎖法（ＰＣＲ）――試験管のなかでの酵素によるＤＮＡの増殖――によって一個のＤＮＡ分子から大量のＤＮＡをつくることができるようになってからも、Ｂリンパ球のＥＢＶによる形質転換は有用である。というのは、試験管内でのＤＮＡの増殖は細胞内の場合ほど正確ではないからである。

一九八四年に私は、イエール大学の遺伝学研究室のケン・キッドとジュディ・キッド、ワシントン州立大学の人類学者のバリー・ヒュウレットとともに、世界中の多くの土着集団から、そうした細胞株をつくる研究計画をはじめた。最初の共同作業は中央アフリカ共和国と東北ザイールのピグミーの細胞株をつくることだった。そのあとも同様の試みをつづけた。一九九一年にわれわれの多くは、この研究を全人類を代表するように多数の集団へひろげることを提案した。この大型計画は「人類ゲノム多様性計画（ＨＧＤＰ）」と呼ばれるようになり、全米科学財団（ＮＳＦ）から資金が出た。ひとつのパイロット計画として「ヨーロッパ人類集団の生物的歴史」という計画が、ＥＣの資金によって一九九二年にヨーロッパで発足した。似た計画がインド、中国、パキスタン、イスラエルなどでも始まった。現在すでに五〇以上の集団から標本が集まり、七つの研究室で細胞株がつくられている。それらの細胞株からつくられたＤＮＡが間もなく研究者に配付されるだろう。それをすすめるのはＣＥＰＨ（人類の多型を研究するフランスのセンター）で、ＨＬＡの発見者でノーベル賞をうけたジャン・ドーセによって創設された。すでにＣＥＰＨは人類遺伝学と医学のための遺伝学で基本的な貢献を果たしてきた。世界の科学者の協力を促進し、人類の染色体の遺伝的結びつきを地図に表したが、これはこの分野における大幅な前進だった。これらの細胞株の一部は、アメリカのＮＩＨ（国立衛生研究所）が運営する細胞培養施設を通じて研究者は入手できる。

図2Aと図2Bでは、第二章で述べた方法で得られた系統樹と、ＤＮＡの制限分析を用いて九つの集団について「最小進化法」をあてはめて得られた系統樹とを比較している。図に出てくる集団は、ほとんどがわれわれが集めた形質転換された細胞株からのものである。そのなかには、アフリカのふたつのピグミーの集団が含まれる。ひとつは中央アフリカ共和国の南西部のバガンドウ村の近くからのものである。それを得るため私はここを一九八四年に再び訪れた。もうひとつは、一九八五年私がザイールのイツリ森林へ出かけた折りに得たものである。イツリのムブチ・ピグミーは身長がもっとも低いが、中央アフリカ共和国のピグミーがそれよりも高いのは、彼らは七五％も近くのバンツー人やスーダン人の村人とまじってしまっているからである。だが、彼らを小さくした

のには、別の突然変異がからんでいる可能性もある。マンデンカはセネガル人からの標本で、ジュネーヴのアンドレ・ランガネイたちによって採取された。ハワード・キャンによって、ヨーロッパ人の標本がカリフォルニアのメノー派教徒から集められた。彼らはドイツとイギリスからの移民である。中国人（主として南中国出身）と日本人の標本は、現地で生まれ現在はカリフォルニアに居住する者から採取した。大洋州のひとつの集団の代表はブーゲンヴィル島のメラネシア人で、その血液はフィラデルフィアのジョナサン・フリードレンダーによって採取された。オーストラリア先住民とニューギニア人の標本は現地で得られた。それらとは別の研究でわれわれは、中米と南米の先住民集団についてもテストした。別の標識をもとにしたが、その結果は樹のなかでわれわれが期待した通りの位置を占めた。

こんにちでは制限酵素で発見された以外に、多数のDNA多型が存在する。いずれもそれらは、前の章でわれわれが用いた古典的な標識よりも多くの情報を潜在的に含む。しかし、従来の血液型やタンパク質からのデータにくらべて、まだ充分に多くの数の集団のデータを蓄積するだけの時間が経っていない。これまでにテストされたさまざまなDNA標識は従来の結果を確認させてくれ、いくつかの例では科学者が分析をさらに進めることを可能にしている。

標識の型の差異とふたつのテストの方法の差異との間の一致は、完全ではないが高い。どの世界系統樹でも、最初の分岐はアフリカ人と非アフリカ人の間に位置する。すべての現生人類がアフリカ起源であるとすれば、当然そうなる。だが、進化速度を一定と想定すると、つぎの分岐は大洋州集団とそれ以外の非アフリカ人の間にくる。他方、最小進化を想定すると、つぎの分岐はヨーロッパ人とそれ以外の間になる。ふたつの系統樹の間にはもうひとつ別の驚くべき差異が存在する。最小進化やそれに類する方法をとると、進化速度一定を想定する方法よりも、それぞれの枝で枝の長さが違ってくることが容易にわかる。これが当たり前なのは、後者の方法とちがって、最小進化は枝の相対的長さに制限を設けないからである。ふたつの方法で得られる系統樹でのいちじるしい差異は、最小進化によって、東アジアはそれほどではないが、ヨーロッパが、樹の中心近くから出る非常に短い枝の先に位置することである。系統樹での不一致にもかかわらず、標識の間の一致のため、われわれとしては、最小進化の樹におけるヨーロッパの短い枝、そして予期されなかった中央の位置について説明を追求しなければならなくなる。この点は移住時期についての考古学からの情報と合致しない。考古学ではヨーロッパの枝は、進化速度一定の樹で表されるように分岐しなければならないからである。

系統樹の枝の長さ

最小進化の方法で再現された樹におけるそれぞれの枝の長さに注目すると、もっとも単純な仮説として、短い枝はその地域での進化の速度の遅さの結果であり、長い枝はその地域の進化の速度の速さの結果であるということが出てくる。

進化の二大要素——浮動と自然淘汰は、場所によって大きく異なることがある。浮動はすべての遺伝子に影響する。ある特定の集団において、集団の「実効的規模」の関数として、浮動は遺伝子それぞれにたいしほぼ同じ強さをもつ。人口調査的な規模とはちがって実効的規模は、生殖力をもつ人々のみ、幼なすぎず年寄りすぎない中間の世代、全集団の約三分の一である。それにたいし自然淘汰は、集団や時期と関係なく、どの遺伝子でも自由に変えてしまう。だが、任意の長い時間においては限られた少数の遺伝子だけが強い自然淘汰を受けやすい。最大の分化を見せ、空間的に時間的にランダムに変化する淘汰を受けるように見える（HLAつまり抗体をつくる遺伝子のような）遺伝子も、浮動の影響を受ける遺伝子から得られる樹と似た進化の樹をもたらす。したがって、枝の長短の根拠を自然淘汰の差異には求められそうにもない。

そこで、枝の長さの変動は浮動が原因なのだろうか。人口情報がその可能性の評価の助けになる。移住が最近なかった小さな島の場合、浮動によって長い枝を説明できる。それについては多くの例が存在する。イースター島は南米大陸からもポリネシアの島々からも非常に離れている。そこでの人口の歴史の概略がわかっている。それによると、十八世紀にきびしい人口減少が起きた。その結果、イースター島の集団は他のポリネシアの集団よりも長い枝をもつ。もうひとつの例はサルデーニャ島である。この島は地中海の島々のなかでもっとも孤立し、その歴史には文化的にも長く隔離されてきたことが反映されている。それほどではないが、それはアイスランドにもあてはまる。この島は他の陸地からかなり離れているが、サルデーニャ島ほどは遺伝子的にヨーロッパと違わない。アイスランドへの移住は割合最近、九世紀にかなり多くの入植者（約二万人）によって進められたことがわかっている。これらに似たことが言える情報は、私の主著『人類の遺伝子の歴史と地理』に掲げてある。

地理的隔離と集団の規模の小ささによる遺伝流の小ささだけが長い枝の原因ではない。文化的要素がバスク人やユダヤ人やエスキモー人のような集団の族外婚を制限してきたので、彼らはもっぱら集団内で結婚してきた。地理的または文化的な隔離による「族内婚」の割合が高いと、枝が長くなり得る。とくに集団が小さいとそうなる。小さな集団と他集団との結婚の制限あるいは欠如は、進化の樹の枝を長くすることがあり得る。

短い枝は逆の原因による。大きな規模の集団は浮動をへらし、遺伝子の混合のレベルを下げる。他の集団との結婚が頻繁だと、もとの民族的なアイデンティティは次第に失われる。移住によってふたつの集団が接近すると混合が頻繁になる。アフリカ人が奴隷としてアメリカに連れてこられ、黒人と白人、あるいは黒人と先住民との混合が生じた。アメリカの一部の地域では、これらの三集団の混合が起こり、「三民族的隔離集団（トリレーシャル・アイソレイツ）」が生じた。北アメリカでは、一部の血を白人の祖先からうけた黒人はあいかわらず黒人に分類される。黒人系アメリカ人は白人からかなりの遺伝子を継いでいる。遺伝標識による研究が示すところによれば、平均して黒人集団における白人遺伝子の混合率は三〇％である。遺伝子頻度の値は、アメリカ合衆国北部の平均約五〇％から南部の一〇％までの間に分布している。白人と黒人が三世紀間いっしょに暮らしてきた結果、一世代当たり遺伝子の五％が白人から黒人集団に入り、いま全体として三〇％に達したのである。

アフリカ大陸でも、少なくとも三つの大きな遺伝流が生じた（他にも多くの流れがあっただろうが、まだ研究されていない）。北アフリカと東アフリカでは、黒人と白人の混合の機会が多くあったに違いない。北では白人の遺伝子が優勢で、東では黒人の遺伝子が優勢である（平均して六〇％）。ナイル河に沿って、南には黒人が、北には白人が、過去少なくとも五〇〇〇年間住んできた。エチオピア人とアラビア人の接触が初期に起こった。その後、紀元前一〇〇〇年頃からごく最近まで、アラビア人とエチオピア人の混合による帝国が、当初は首都をアラビアに置き、その後はエチオピアのアクスムに首都を移し、この地域を治めてきた。

いまはまだ答えるのが困難だが、どこで白い皮膚が生じたかが当然疑問になってくる。それがアフリカの北部で、あるいは北部と東部の両方で、生じ得なかったわけではない。皮膚の色が遺伝子でどのように決定されるか、少なくとも三つないし四つの遺伝子があること以外は、われわれには充分わかっていない。

そこで、図2Bの最小進化の樹におけるヨーロッパ人の非常に短い枝について考えてみよう。これまで述べてきたところから、二通りの説明のうちのどちらか、あるいはその両方が一応可能である。第一はまったく浮動がなかったとする（いつも非常に大きな集団だったとする）。第二は混合である。第一の説明はきわめて蓋然性が低い。ヨーロッパ人の枝の短さとその中央の位置は、ヨーロッパ人が進化せず、一〇万年前の人類とほとんど変わらないままであることを意味する。だが、最後の氷河期の影響に関する最近の知見によると、北ヨーロッパの集団は二万五〇〇〇年前から一万三〇〇〇年前にかけて人口がかなり減少した。約一万三〇〇〇年前に氷河期が終わり、ヨーロッパ大陸では南の岸辺から再び移住がはじまった。これによってヨーロッパの枝は長くなっただろう。決して短くはならなかった。

第二の説明では、ヨーロッパ人は遺伝子の混合、すなわちふたつの近い大陸、アフリカとアジアからの移住による混合で生じたとする。その遺伝的結果を計算すると、データと合致する。そのことはA・M・バウコックたちによって示された（Bowcock, A. M. et al. 1991）。その混合の精密な組成を定めようとするならば、ヨーロッパ人は約三分の二がアジア人で、三分の一がアフリカ人となる。この混合はいつ起こったか。データはかなり早い時代、三万年前を示唆する。この説明をどうやってさらにテストできるか。それはひとつの挑戦であり、新しいＤＮＡ標識に関するデータが答えてくれるだろう。

十九世紀のフランスの外交官だったアルチュール・ゴビノーが有名な『人種の不平等に関する試論』を書いた。これがドイツの人種偏見をもたらした。彼が右のような示唆を聞けば、怒り狂って死んでしまっただろう。というのは、ヨーロッパ人（彼の言い分ではとくにヨーロッパの遺伝的中心にいた中央ヨーロッパ人）は遺伝的にもっとも純粋で、もっとも知能が高く、人種混合によってもっとも弱められていないと、彼は信じていたからである。人種混合が頽廃の原因であるとする彼の説の人気が高まったが、こんにちのわれわれの知見にはことごとく反する。

ところで、最小進化の樹におけるヨーロッパ人の枝の短さとその中央の位置について、第三の人為的な理由を考えねばならない。これまでわれわれが研究してきた古典的な多型やＤＮＡ多型は、最初ほとんどすべてヨーロッパ人の、あるいはその子孫の北アメリカ人の血液標本において見つけられた。標識のほとんどは家系の研究に使うため、病気のもとになる遺伝子の染色体における位置をきめる方法として考えられたものである。この目的にもっとも適した多型の頻度は、すべての対立遺伝子において等しいから、したがってその選び方には偏りが存在することになる。これまでわれわれが研究してきたほとんどすべての遺伝的多型の源は、使ったのがＤＮＡであれタンパク質であれ、ヨーロッパ人だったのである。そのためヨーロッパ人を系統樹の中心に人為的に置くことが可能になったのではないか。答はイエスと思える。だが、さらに深く分析した結果、この説明は現象の僅か一部にしか当てはまらないことが明らかにされた。

つぎの章でさらに述べるが、移住の研究によって、ヨーロッパ人の遺伝子の重要な部分の起源は中東であることがわかってきている。東アジアの一集団であるフン族が西暦四五〇年頃フランスやイタリアまで進攻し、十八世紀の末トルコ人がオーストリアの国境まで近づいたのは確かである。だが、ユーラシアにおける遺伝子の地理的分布からすると、そうした侵入はほとんど遺伝子に影響を与えなかった。遺伝的にヨーロッパがアフリカとアジアの中間に位置するのは、最近のふたつの進攻よりもはるか昔の混合の結果である。

「アフリカのイヴ」とミトコンドリアＤＮＡ

ミトコンドリアＤＮＡ（ｍｔＤＮＡ）の研究は大きな関心を呼び起こした。そのひとつの理由は研究が容易だからである。ミトコンドリアは、すべての真核細胞（高等な生命体の細胞で、細菌などとちがって核をもつ）の細胞内に見られる細胞小器官である。一個の細胞のなかにはしばしば数千の、いや何万という細胞小器官が存在する。その働きは、酸素を用いて有機分子（もっぱら糖分）

に含まれるエネルギーを解き放ち、細胞に必要なエネルギーを供給することである。mtDNAは母系を通じてのみ伝えられる。受精で精子からごく少数のミトコンドリアが卵子に入ることがあり得る。マウスでそれが観察されているし、例外的にヒトでも起こり得るが、それはきわめて稀である。いずれにしても、母系のミトコンドリアのほうが父系のものよりも圧倒的に多い。ミトコンドリアは一〇億年前に真核細胞に入り込み、共生するようになった細菌の名残りと思われる。いまではその共生がホストの細胞にとってもミトコンドリアにとっても不可欠になっている。ミトコンドリアのゲノムは非常に短く、塩基対にして一万六五〇〇あまりである。核内の遺伝子の三〇億のヌクレオチドにくらべて、非常に短い。それには数通りのタンパク質と特別なRNA分子をコードする遺伝子が含まれている。そのなかでもっとも重要な遺伝子は、個体間で、また種と種の間でも、差異はきわめて僅かである。ほとんどの場合、ミトコンドリアの変異と生命は両立しない。ミトコンドリアDNAにおける突然変異の起る率は、平均して核の遺伝子の少なくとも二〇倍である。Dループと呼ばれる短い部分では突然変異率はさらに高い。それでこれが進化の研究の対象にされてきた。ミトコンドリア分子の小部分に限られるが、その変化可能性が進化の研究に役立つのである。とくにネアンデルタール人の消滅は、Dループの分析で可能になった。化石骨ではDNAが普通こまぎれになっているため、研究が困難だが、細胞当たりのmtDNAのコピーが多いことと、またネアンデルタール人の化石骨が低温のまま保たれたことに助けられ、この重要な結論が得られた。

われわれもふくめ数カ所の研究室で、用いられた常染色体標識にたいしmtDNAはよく似た、ときにはまったく同じ結果を示した。mtDNAに関するもっとも完全な研究はカリフォルニア大学（バークレイ校）の故アラン・ウイルソンたちによってすすめられた。初めて彼らが、世界中から集めた多くの個人標本のDループの配列を明らかにした。数年前だったが、私はファッション雑誌の『ヴォーグ』からインタヴューを求められて驚いた。そのテーマはいつ「アフリカのイヴ」が誕生したかだった。ウイルソンたちが一九万年前と割り出したばかりで、ウイルソンの研究室は私のところから五〇マイルしかないというのに、記者のほうが私よりも早くそれを知っていたので、驚いたわけである。

ウイルソンは「分子時計」の応用を研究していた。もしふたりの現存の個体の差異をもたらした突然変異の数を数え、彼らの共通の祖先がいつ生きていたかの年代を定めることができれば、ひとつの「較正曲線」が得られる。タンパク質でもDNAでも同じ結果を与える筈である。誰でも知っているタンパク質であるヘモグロビンが、この種の研究のため初めてエミール・ズッカーカンドルとライナス・ポーリングによって使われた。それは六〇年代のことだった。現存のふたりの個体の最古の共通な祖先の年代に関するわれわれの知見は、その頃よりも確かになっている。もっとも役に立つ年代は、約六三〇〇万年前のメキシコの海岸の近くの隕石の落下のようなカタストロフィに関連する。それによって火山の口が開き、大噴火によって日光がさえぎられ、気候が激変し、恐竜のような動物が死滅し、そのあと哺乳動物が栄えはじめた。たとえばウシとヒトとを分化させた突然変異の数を計測すれば、その最後の共通の祖先はカタストロフィよりも少し前に生きていたことになるから、地質的データと、ウシとヒトとを分化させた突然変異の数とを関係づける較正曲線をつくる基準点が得られる。理想的には、多くの年代とそれに対応する突然変異の数が得られ、それによってそれぞれ較正曲線がつくれる基準点が得られるのが望ましい。（実際には、ひとつの点で充分である。というのは、数学理論から曲線の理論的な形がわかっているからである。だが、それでは信頼性が低い。）チンパンジーとヒトとを分化させた突然変異の数を知り、その数値と、ウシ（あるいは他の哺乳動物）とヒトとを分化させた突然変異の数とを比較することで、チンパンジーとヒトとの分化は約五〇〇万年前であると定めることができる。この年代を使って、アフリカ人と非アフリカ人とに分化させた突然変異の数とを比較することで、いわゆる「アフリカのイヴ」が生まれた年代を定めることができる。最初の推定では、すべての現生人類のミトコンドリアの源になった女性は約一九万年前（確率的には一五万年前ないし三〇万年前）に生きていたことになる。あとでわかるが、この最初の推定はそれほど誤ってはいなかった。

この女性をイヴと呼ぶことで大きな関心をかきたてたが、それは誤りで多くの誤解をまねいた。多くの科学者が、そしていまもなお一部の科学者が、遺伝データによるとその頃はたったひとりの女性しかおらず、だから当然イヴと名付けてよいと思ってしまった。ミトコンドリアに関するデータは、他の遺伝データと同じように、現生人類のアフリカ起源を示していたから、彼女をアフリカのイヴと呼ぶことは可能だった。だが、明らかにその年代にも多くの女性が生きていたのである。ただ彼女たちのミトコンドリアは生き残らなかった。「アフリカのイヴ」とは、彼女のミトコンドリアがこんにちまで生き残ったすべてのミトコンドリアの共通の祖先であるというにすぎない。

もうひとつのしばしば聞かれる誤解は、この女性の誕生と、現生人類のアフリカからの最初の移住とが同時だったとする考えである。だが、事実としては、彼女の誕生が移住より先でなければならない。遺伝子あるいはDNAの一部についての共通の祖先である突然変異体の起源と、集団の分離とは別の事象である。第二の事象、つまり実際の集団の分離（アジアに移住した現生人類のアフリカ出発）は後、それもかなり後であった。同様の混乱が、ミトコンドリアとは関係のない他のさまざまな遺伝子に関連しても生じた。

科学界でアフリカのイヴは大きな論争を呼んだ。多くの学者が年代とその意義の解釈を批判した。アラン・ウイルソンの研究と結論にたいする批判について私はくわしく論じないことにする。というのは、日本の研究者の最近の研究によって彼の結論が支持され、またミトコンドリア「イヴ」の誕生の年代についてさらに確かな推定が与えられたからである。ウイルソンの研究はミトコンドリアDNAのひとつの小部分に限られていた。それにたいし宝来聡とその同僚たちは三人（アフリカ人、ヨーロッパ人、日本人）のmtDNAの完全な配列を調べ、四通りの霊長類（チンパンジー、ゴリラ、オランウータン、テナガザル）における配列とを比較した。彼らが定めたイヴの年代は一四万三〇〇〇年前で、信頼区間も狭くしぼられた。〔訳注：この世界的に評価される業績は小冊子、宝来聡『DNA人類進化学』（一九九七年）にわかりやすく解説されている。〕日本人とヨーロッパ人の分離はそれよりはるか後代に起こった。ただし枝分かれはmtDNAにおける突然変異を基準にしており、集団間の分離ではない。

イヴの夫のアダム

イヴと互いに補い合うひとりのアダムがいたのか。その答はイエスだが、彼女と同じ頃同じ所で生まれたと考えることはできない。父系伝達と母系伝達の過程は独立に生じた。イヴとアダムに共通と考えることができるのは、両方ともにアフリカに住んでいたことである。だが、必ずしも同じ地域ではなかった。

アダムを探す鍵はY染色体だった。人類は二三の染色体の対をもち、他のほとんどの生物のようにヒトは、父から対の一方を、母から対の一方を受ける。われわれは細胞で分裂しつつある染色体を見ることができる。というのは、通常は非常に長い細い糸のようであるのに、そのときは染色体が小さくまとまって短い棒状を呈するからである。各染色体は特異な大きさと形状をもち、唯一の例外を除き同一の対では一方の側と他方の側とはまったく同じである。その例外は性染色体で、ふたつ存在し、XとYと呼ばれる。Xは他の二二の対にくらべ平均的な大きさであるのにたいし、Yは最小である。女性はふたつのX染色体をもち、男性は一個のXと一個のYをもつ。したがって、染色体を見るだけで、個体の性を区別できる。

男性を男性にするのはY染色体である。男子は母からX染色体を、父からY染色体を受ける。Y染色体は男性から男性へと無限に伝えられるから、ひとりの男性における突然変異はその子孫のすべての男性で見いだされる。

最初のY染色体の一個のヌクレオチドの突然変異は、アフリカのひとりの男性から発見された。それを探すには苦労を要した。それまで数カ所の研究室がそのような変異を見つけようとして失敗した。近道は役に立たず、力づくしかなかった。われわれは世界中の多くの個体の七つのDNA部分の全域の配列を調べ、ついに最初の変異を見つけた。私の研究室の同僚はつらい作業に耐えねばならなかった。何ヵ月か私が離れていて戻ってきてみると、驚いたことにピーター・アンダーヒルとピーター・オフナーのふたりが新しい方法を開発していた。それによって前よりも容易に突然変異体を探せるようになった。三年とかからぬうちに彼らは一五〇ほどの新しい多型を蓄積し、それによってY染色体変異のみごとな系統樹をつくった。それはオランウータン、ゴリラ、チンパンジーに始まり、これまでよりも明快に予期された順序に諸大陸へアフリカ人が移住していったことを示した。現生人類は最初アフリカに現れ、つぎにアジア、そしてこの大きな大陸から三つの地域、大洋州、ヨーロッパ、アメリカへと移住した。いまではこのストーリはどの遺伝体系についても繰り返されている。アダムの誕生の年代はイヴのそれと非常に似ていて、一四万四〇〇〇年前となった。だが、その類似性は表面的である。両年代ともにプラスマイナス一万年の統計的誤差の影響をうける。現生人類の起源がアフリカということの正しさを証明した以上に重要という点では、男性の場合も同じである。Y染色体の研究によって突然変異体を見つける新しい方法が開発され、どの染色体にも応用できるようになった。また遺伝的変異研究の特別な分野に役立つことが証明された。その分野は遺伝病を研究する医療遺伝学である。

このY染色体研究にはもうひとつのコーダ（音楽の終結部）があった。それをもたらしたのは、当時はまだ大学院博士課程の学生だったが、本書の英訳を助けてくれたマーク・セイエルスタッドだった。Y染色体の突然変異体は、地理的に高度なクラスターを形成していることを発見した。他の遺伝子、いやミトコンドリアとくらべても、そうであった。つまり、男性は遺伝的にあまり移動していなかったのである。ヴェルディの『リゴレット』の「いつも変わる女ごころ」は正しかった。ただし、それは軽薄な意味ではなかった。まったく新しい遺伝的な意味でそうだった。ほとんどの人々がこれを信じがたいと思う。というのは、男はいつも動いているという考えに慣れ親しんできたからである。まだそれが正しいとしても、それは別の話である。人類学者のバリー・ヒューレットと私がアフリカのピグミーの男性と女性の地理的行動範囲を調べたときも、男の「探索範囲」は平均して女の約二倍だった。だが、遺伝子の行動範囲は、主として結婚のための移動である。平均すれば、配偶者と一緒になるため住居を変えるのは、男よりも女である。大昔、いやいまでも南米の種族の間では、女性が少ないとき近くの種族や村落から誘拐するのが普通である。そのため暴力的方法によって女性のほうが遺伝的に行動範囲（モビリティ）が大きくなる。男性と女性の遺伝流の差異によって、古代の移住が明らかにされる。それによって考察が二重化される可能性が開けるが、ただし尺度が異なる。

反復の重要性

すでに新しい分子遺伝学は数々の発見をもたらした。なかでももっとも驚異的なのは、ヒトのゲノム（ほとんどの種でもそうだが）には大量のＤＮＡの繰り返しが含まれていることである。つまり、ヌクレオチドの配列が、通常は列の形で繰り返されている。そのうちのあるものは「マイクロサテライト」と呼ばれ、二個ないし五個のヌクレオチドという非常に短い繰り返しから成り立つ。もっとも多いモチーフは、ふたつのヌクレオチド、シトシンとアデニン（ＣとＡ）しか含んでいない。そのＤＮＡ部分はＣＡＣＡＣＡＣＡＣＡ……とまるでどもっているかのようである。ＤＮＡの複製でこの部分で誤りがしばしば生ずる。そのため新しい遺伝子では、繰り返しの数が増加したり減少したりする。普通は一度にひとつの繰り返し単位だけ多くなったり少なくなったりする。突然変異率が高いと、繰り返しの数が異なる（たとえば、繰り返しが、二一、二二、二三、二四、二五になる）。ひとつのヘテロ接合体がふたつの異なる型をもつようになる。たとえば、父と母からくるので、繰り返しが二二であったり、二五であったりする。こうした繰り返し配列（マイクロサテライト）はゲノムのなかに多く存在し、そのひとつずつが遺伝標識として役立つ。

多くの研究室でこれらの繰り返しを探し、配置を明らかにする努力が重ねられた。フランスの「ジェネトン」がもっとも生産的だった。五二六四のマイクロサテライトがどこの研究室でも入手可能になり、ヒトの染色体地図をつくるのに重要な役割を果たした。マイクロサテライトはゲノムを通じてランダムに散らばっているように思われ、平均してほぼ五万ヌクレオチドごとに一個の割で存在する。それらは無害の標識として機能し、遺伝病の遺伝子の位置を割り出すのにもっとも役立ってきた。だが、そのうちの数個は、意外にも重大な遺伝病の犯人であることが判明した。

マイクロサテライトの進化研究への興味深い応用のひとつは、「絶対遺伝年代決定」の方法である。

この方法によって集団の分離の年代を定められる。他の遺伝学的な方法ではそれは不可能である。すでに述べたが、標準的な遺伝学の方法で最後の共通祖先の誕生年代が推定された。ただしそれは集団の分離の上限のおよその値しか与えてくれなかった。考古学的年代によって新移住者の最初の到着のヒントが得られる。だが、それはしばしば低く見積もる（年代がより新しいと推定されやすい）。というのは、考古学的記録で最初の移住者の証拠が見つかることは少ないからである。真の年代は遺伝的年代と考古学的年代の間にあるが、後者のほうが近い可能性がある。

それらにたいし分子時計による方法が存在する。ただしそれには、年代が正確にわかっている少なくとも別のひとつの過去の事象にたよる必要がある。そのような事象はきわめて少ないが、われわれの目的にもっとも近く、もっとも役に立つのは、チンパンジーとヒトの分離で、概略の年代しか得られず、誤差の幅は二〇％である。

さらにこれにたいしてマイクロサテライトがひとつの代案を提供する。もし突然変異率が確かめられるならば、ふたつの種を分化させた突然変異の数を数え、分離の年代を計算できる。不幸なことに、われわれの突然変異率の推定には疑問がある。だが、マイクロサテライトは例外である。というのは、その突然変異率は非常に高く（一〇〇〇分の一をやや下回る）、大きな困難なしに推定できる。マイクロサテライトにおける突然変異のパターンはやや複雑である。というのは、突然変異が両方向にたいして起こるからである（繰り返しが増加したり減少したりする）。さらに変化は必ずしも一度にひとつの繰り返しとは限らない。幸いなことに、ジェネトンが突然変異率と五二六四のマイクロサテライトのパターンについてすばらしい分析を施してくれた。初期の分析では、突然変異のパターンは一度に繰り返しの増減はひとつと考え、われわれはミトコンドリア・イヴの年代に非常に近い値を得た。だが、観察される突然変異のパターンを考えて、とくにひとつ以上の繰り返しの増減の頻度を考えて、アフリカからの最初の移住の推定値を減少させた。それによって八万年前となり、考古学からの推定値に非常に近くなった。目下われわれはさらに多くのマイクロサテライトについてデータを蓄積中で、この重要な年代についてかなり正確な推定を発表したいと願っている。というのは、この年代は現生人類の進化の中心的問題だからである。

われわれはこの方法を絶対遺伝年代決定法と呼んできた。というのは、希少であるし、信頼性も低い古生物学的年代に依存しないからである。またそれは、いわゆる分子時計が基準とする大雑把な較正曲線を考慮しない。実は較正曲線の理論的な形すらも、弱々しい仮説をもとにしているので、挑戦をうけるかもしれない。

突然変異率にもとづくすべての遺伝年代決定法は、古生物学的年代とは独立である。その意味でそれは「絶対」である。もちろんそれによって得られる結果は、入手される突然変異率次第で良くなる。ジェネトン・グループがマイクロサテライトについて割り出した結果は非常にすばらしいが、非常に特殊なマイクロサテライト（CACA……）だけについて計算されたものである。いまその値が他のマイクロサテライトにもしばしば用いられるが、そのような外挿が許される証拠は存在しない。他の遺伝子、とくに一個のヌクレオチドの多型（snips）の突然変異率にあてはめた場合、結果が思わしくない。snipsをはじめ他の遺伝子の突然変異率はきわめて低く、一世代一個のヌクレオチド当たり一億分の一、あるいはそれ以下であり、直接数えて直接推定されていない。既存の推定値は、あまりわかっていない遺伝子についての平均値である。ただ確かなのは、ヌクレオチドごとに、またおそらくDNAの部位ごとに、かなりの差異があることである。しかし、（ヒト・ゲノム計画によって）ゲノム全体の配列決定がすみ、それに動員されていたエネルギーと機械が振り向けられるようになれば、状況は改善されるだろう。

絶対年代決定法を進化速度に本格的に応用するには、突然変異率にたいする正確な知識が必要である。絶対年代決定法の長所と短所は、炭素を含む物質の年代測定に考古学者が放射性炭素（カーボン14）を使う点にある。その計測には放射性炭素の崩壊率を用いる。その率は確定されていて安定している。他の情報源による較正を理論的には要しないという意味で、この方法は絶対である。だが、放射性炭素年代決定法を受け入れるには、少なくとももうひとつの仮説が正しくなければならない。植物が取り入れる大気中の放射性炭素の量がずっと一定だったと想定しなければならないのである。この基本的仮説は、放射性炭素で測定された年代と他の方法による測定年代を比較することで調べられた。過去一万年の年代を与えてくる樹木の年輪によると、放射性炭素法に較正の必要なことは明らかである。

遺伝子による年代決定法は、突然変異率が一定という仮説に依存しており、この点はさらにテストする必要がある。そのテストのひとつは、異なる環境で生きている人々の突然変異率の測定だろう。

科学は近似の積み重ねで前進する。一六七五年初めて光の速度が測定されたとき、約三〇％の誤差があった（毎秒二〇キロメートル）。一七三二年の二度めの測定で毎秒三一万三〇〇〇キロメートルが得られた。現在の誤差は毎秒一メートル以下であることがわかっている。現生人類がアフリカで生まれ、この一〇万年間に世界にひろがったことに関しては、ほとんどすべての遺伝的な知見が一致している。年代とルートを正確に定めるにはさらに研究が必要であり、そのための新しい方法が使えるようになってきている。

系統樹によらない考察

一九五一年私は、人類の進化を理解する手段として、系統樹をつくることを考えはじめた。だが、それによる過度の単純化が次第に気がかりになってきた。数理的な再現で単純化は避けられない。複雑でしかあり得ない実体に数理が合うように、ときには強引な手も打たねばならない。だが、それにもかかわらず系統樹にはある美しさがある。それは単純さによって、人類集団の分化のような一連の事象を記述できるからである。とはいえ、樹として表現するのに必要な程度まで、実体を単純化することが果たして許されるかどうか自問しなければならない。アンソニー・エドワーズと私とで実際のデータを樹にあてはめることを始めたとき、一方で私は別の方法に気づいていた。それが主成分分析（PCA、プリンシパル・コンポーネンツ・アナリシス）で、データのより忠実な記述が可能で、系統樹とつねに並行して検討するだけの価値がある。樹のような単純明快な歴史を、それは再構成してくれない。事実それは歴史を示すわけではない。すべてのデータを非常に単純なグラフとして表現する。当初無意味と思われる大量のデータにひそむパターンを明らかにしてくれる。したがって、両方の方法を同時に用いるのが便利だった。

主成分分析は一九三〇年代に考え出されたが、あまり使われなかった。というのは、膨大な計算を要したからである。コンピュータが発明されるまで、そのような計算をしようと覚悟した科学者は非常に少なかった。数学に弱い読者には不公平だが、簡潔な記述方法を使うならば、多くの集団で観察される多くの遺伝子中のさまざまな対立遺伝子の頻度から成り立つ「データの行列」が、それにより簡単化されてしまう。それには、行列の少数の主固有値について固有ベクトルを計算する。数学に弱い人に説明するのはむずかしく、情報の損失を最小にしつつデータを表すための次元の数を減らすとでも言うしかない。

主成分分析の古典的な応用例が示すように、たとえばヨーロッパの諸都市間の距離を、それも車、列車、航空機による距離や所要時間、あるいはそれらすべてを同時に使って、二次元の地図をつくり、非常によく近似したヨーロッパ都市の地理を再構成できる。遺伝距離と地理的距離の間には強い相関があることを思い出せば、世界の人類集団のあらゆる組み合わせの間の遺伝距離に主成分分析を応用すれば、当然のこととして世界地図を再構成できる。多少の歪みは避けられない。というのは、遺伝距離は海と陸の地理的距離に完全に比例することはあり得ないからである。海洋を渡るのは、広大な陸地を横断するよりも困難だった。少なくとも渡洋航海が容易になるまではそうだった。われわれが用いたデータは、航海が容易になる前の先住の人々の移動を反映している。

アンソニー・エドワーズとともに私が最初の系統樹を計算したとき、同じデータをもとに初めて主成分分析による地図をつくった。その当時（一九六二年）まだコンピュータ用のパッケージ・プログラムがなかった。事実上アンソニーは主成分分析を再発明したに等しかった。私はそれがすでに発明済みであることを彼に告げるのを申し訳なく思った。系統樹と主成分分析のふたつの方法は相補的である。前者は歴史について教えてくれ、後者は地理について教えてくれる。同じデータにたいし同時に両方を使って、ふたつのアプローチを総合することができる。

つぎの章で、再び主成分分析を別の特定の地理的応用に使うつもりである。ここでは、世界中の四二の人類集団の一〇〇以上の遺伝子にわたるデータを、ふたつか三つの次元を使ってどのように表すことができるかを示しておくのが役立つだろう。パオロ・メノッツィとアルベルト・ピアッツァと私は、世界中の約二〇〇〇の集団のタンパク質多型の一〇万通りの遺伝子頻度の調査からデータを集めた。これが私の主著である『人類の遺伝子の歴史と地理』に発表した分析の基礎になった。地理、民族、言語の類似性などをもとに、その二〇〇〇の集団を四二のグループに区分した。それらの四二の集団は、比肩可能なもうひとつの言語の樹をつくるのに使われることになるだろう（第五章の図12）。とりあえずここでは図3として、主成分分析と非常に似た、だが情報回収の効率が改良されたマルチディメンショナル・スケーリングと呼ばれる方法による分析を示す。われわれは一〇〇以上の遺伝子を僅かふたつの次元（軸）へ還元する。それでも、一〇〇以上の遺伝子が与える全情報の五〇％あまりを回収できる。垂直軸のほうが重要である。系統樹と同じように、アフリカ人を世界の他の集団から分離する。これはほとんどすべての系統樹で見られる最初の分岐に合致する。グラフは六つのアフリカの集団が他の世界の三六の集団よりも広い範囲に散らばっていることを示している。これは他のすべての集団よりも孤立していることを表す。だが、それでもそれらは、

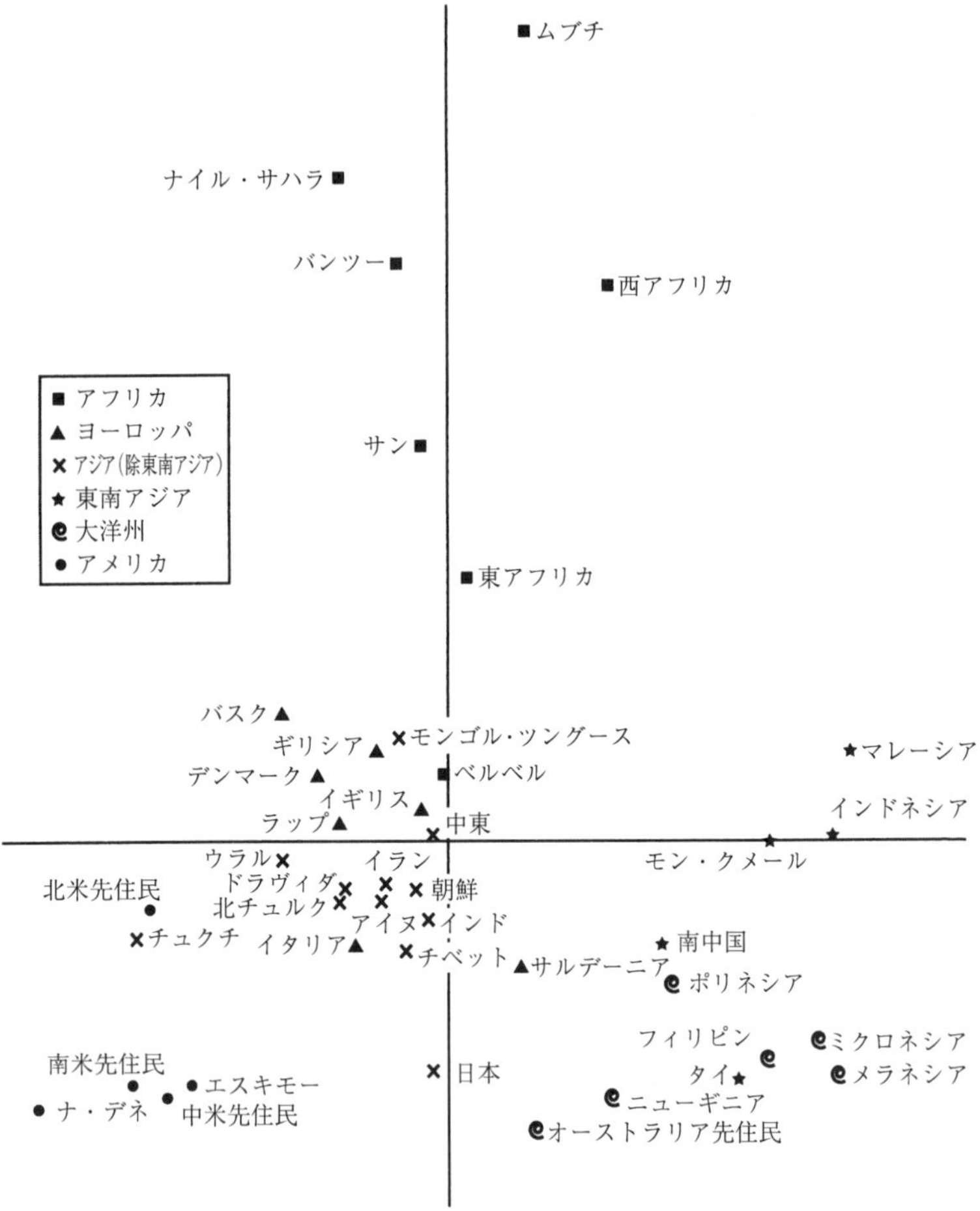

図 3　遺伝距離から見た世界の 42 の人類集団。主成分分析の一種であるマルチディメンショナル・スケーリングによる 2 次元グラフ。110 種類の遺伝子をもとに 42 の人類集団の組み合わせの間の遺伝距離を計算した。集団名につけられた記号は集団の起源の大陸を示す。図ではバンツー人はただバンツーとした（人を省略)。
なおこの分析ではヨーロッパ大陸とアジア大陸が区別されていない。二つの次元にたいし垂直な第 3 の次元によってヨーロッパは面で示されることになる。
〔データは Cavalli-Sforza, Menozzi, and Piazza, 1994〕

上部のムブティのピグミーから世界の他の集団にもっとも近い東アフリカ人まで、ひとつのクラスター（房）を構成している。さらにこの分布は、最初にアジアへ行ったアフリカ人は東アフリカ人だったことを意味するだろう。だが、またそれはその後東アフリカ人とアラビア人との間でかなりの遺伝流があったことを意味するのかもしれない。このふたつの地域の地理的な近さが両方の説明と合致する。これらのデータをもとにするだけでは、どちらかに重みをつけるのは困難である。アフリカの人口の七分の一を占める北アフリカのベルベル人は、ユーラシアのクラスターに入る。これについても、ベルベル人の起源が北アフリカ人と（中東人をも含めた）ヨーロッパ人の混合か、ベルベル人は一部がヨーロッパへ移住した北アフリカ人の直系の子孫か、この両仮説のどちらを選ぶかという問題が存在する。ふたつの仮説は互いに排除するものではなく、両方とも正しいかもしれない。DNA標識によって、仮説のどちらを選ぶか、あるいは別の可能な仮説を選ぶか、それらがそれぞれ部分的に正しいならば、それぞれの相対的な役割をきめる鍵が与えられることが望まれる。ところで、ベルベル人がユーラシアのクラスターに入るからといって、ユーラシア起源であると彼らを分類するだけの充分な証拠になると受け取ってはならない。さらに多くのデータによって、より良い像が得られ、別の異なる結論に至るかもしれない。どの集団もひとつ以上の大陸に起源をもつ遺伝子型から成り立つことはほとんど確かと思われる。最終的にわれわれは、われわれの遺伝子の起源をひとつの長い複雑な歴史として再構築できるだろう。

現生人類の歴史のほとんどがアフリカで展開されたとすると、アフリカ人の諸集団はもっと違った形で散らばったと考えられる。もっと多様なグループに分化するだけのさらに長い時間が存在しただろう。われわれの進化について、つぎのようにイメージすることができる。進化は多くの継続的な段階を経て、各段階において小さな集団を、たとえば東アフリカから北アフリカへ、また別の小さな集団を南西アジアへともたらした。両グループともに集団の数が増え、膨脹をつづけた。南西アジアの集団は珠芽（枝として生じたものが主軸からはなれ独立して発育したもの）を北と東へ送り出し、またおそらく東アフリカへ送り戻しただろう。さらに何段階も経るなかで、これらのグループの子孫をアジアの他の地域へ送り出し、最後に全世界の居住可能な地域に達した。

図3は明らかにアフリカからアジアへ、アジアから大洋州、ヨーロッパ、アメリカへと移住が起こったことを示す。ヨーロッパを含め議論するには、図3には示されていない第三の軸の助けが必要である。図の左下の四半分には、アジアからアメリカへのひろがりが見られる。それはアジアの北東部で起こり、ベーリング海峡を経由した（当時は海ではなく、ベーリンギアと呼ばれる陸地だった）。図の右下の四半分には、アジア大陸からのひとつの珠芽として東南アジアが表されている。その東南アジアから大洋州への移住が起こった。大洋州への移住は何回もつづいた拡大によって生じ、その最後がポリネシア人のひろがりで、最後の六〇〇〇年間に進行した。

ヨーロッパへの移住は、すでに述べたようにアフリカからもあったが、主としてアジアから起こった。だが、図のふたつの軸ではヨーロッパとアジアを分離してくれない。それは当然である。ヨーロッパ大陸とアジア大陸の間には明確な境界がないからである。ウラル山脈は越えがたい障壁ではない。ユーラシアはひとつの大陸と見ることができる。それにもかかわらず、ふたつの大陸は遺伝的には区分される。そのことは図に第三の軸を付加すると浮かんでくる。図のふたつの軸に垂直な第三の軸（図には描かれていない）によって、ヨーロッパはアジアの上に、つまり、他の大陸よりも高い平面に示される。だが、地理的にはアジアとつながっているため、ヨーロッパのアジアからの遺伝距離は、大洋州やアメリカからの遺伝距離にくらべてやや短いだろう。第二章で与えられた数値情報では、そのように断言するには不充分である。だが、元のデータは込み入っているとはいえ、より多くの情報を含んでいる。

結論として、樹による歴史と、主成分分析あるいはマルチディメンショナル・スケーリングによる地理とは、実質として一致すると言える。その両方をできるだけ簡単に要約すると、つぎのようになる。人類の進化はアフリカではじまり、そこで多くのグループへの分化がかなり長期にわたって進行した。他の諸大陸に近いアフリカの諸グループがひろがった。アフリカのグループの最初のかつ最大のひろがりは、東アフリカからアジアへ、おそらくスエズと紅海を経て、南アジアの南岸に沿って進んだが、アジア内部を経て南へもひろがった。おそらく東北アジアへは、東南アジアの海岸を経て、また中央アジアを経て到達した。東南アジアから近くのニューギニアやオーストラリアへのひろがりは自然で、それはアメリカへの移住よりも先だった。多分ヨーロッパへのひろがりは、ユーラシアの東、西、中央から起こり、それは比較的後代のことだった。ただしこの結論は、当面は近似的なものであり、不確定である。というのは、これまで集められた遺伝データは非常に限られているからである。だが、かなり短い期間に正確にすることができるだろう。というのは、すでに使える方法、あるいは予見される新しい方法によって、ＤＮＡの分析がすすみ、一連の問題に答えられるようになるからである。

第四章　遺伝子と技術革新の地理

現生人類のひろがり

一〇万年前ないし五万年前に現生人類はアフリカを出て、新しい多様な環境への適応をはじめた。移住は人口増加による地域の人口過剰のためだったに違いない。人口増加がなければ、起源の地域では人口密度が低くなっただろう。だから、移住というよりも、正確には拡大と呼ぶべきだろう。一万年前まで人類はもっぱら狩猟と採取に依存していた。そうした暮らしのため人口増加は制限された。一〇万年前、人類はいまアフリカに住む人々と似はじめてきたが、その正確な人口規模はわかっていない。こんにち観察される遺伝子変異をもとに計算すると、アフリカからのひろがりの直前の旧石器時代の人口は約五万人だっただろう。

世界への拡大が始まった時代、人類がアフリカで人口飽和にほぼ達したことはあり得る。集団の密度が飽和に達すると、人類も、おそらくほとんどすべての生命体も、密度の低い地域へ移住する傾向をもつ。ごく最近の歴史的な例は、この二世紀間の大規模なヨーロッパからアメリカとオーストラリアへの移住である。旧石器時代のアフリカ人が利用できる土地は広大で、ほぼどこへも入っていくことができた。アフリカではじまった過程は、つぎつぎに入植がすすむ地域でも続いた。

おそらく人口密度の高さだけでは地理的拡大をはじめるには充分ではなかった。人口増加が文化の発展を刺激し、移住を可能にし促進することがあり得る。たとえ原始的だったにしても、航海術の出現によって、アフリカからの最初の移住の一部は助けられたかもしれない。四万年前から六万年前にオーストラリアへ到達するには舟が確かに必要だった。舟がそれより以前に発明されていたとすれば、舟はアフリカを離れ南アジアの沿岸をめざすにも使われたかもしれない。原始的な渡洋航海がアフリカの東部ないし北東部ではじまった可能性は高いように思われる。移住は紅海から南アジア、そして東南アジアの海岸に沿ってすすみ、そこから南は大洋州へ、そして北は太平洋岸沿いにベーリング海峡にまで達することができた（図4）。

だが、私はもうひとつ別の要素が大きな役割を果たしたことを確信している。旧石器時代末のアフリカからのひろがりは、言語の発達に大きく助けられた。われわれのもっとも遠い祖先も原始的な言語能力をもっていただろう。だが、こんにちのすべての言語の特徴である複雑さは、おそらく一〇万年前までは獲得していなかった。このすばらしいコミュニケーション手段に助けられ、人類は遠くの地域を探検し小さな社会をつくり、新しい環境条件に適応し、技術の発展を吸収した。

それにしても、旧石器時代末期の人口増加は非常にゆるやかだった。農業の始まりは旧石器時代と新石器時代の転換期、つまり一万年前にやってきた。現在の狩猟採取者から集めた民族的なデー

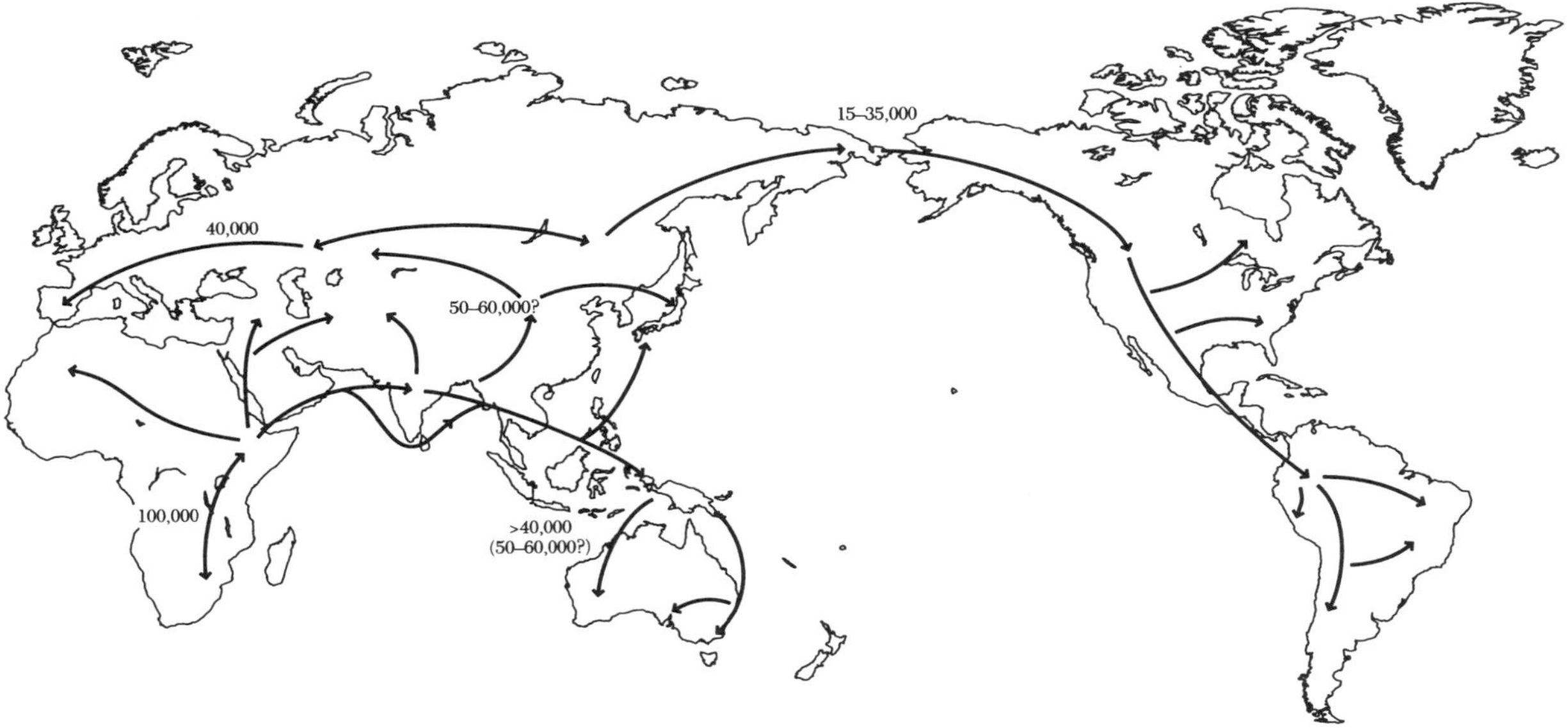

図 4　現生人類の移住地図。10〜5 万年前アフリカではじまり、アジアその他の大陸へと移住はつづいた。図中の数字は考古学データが示唆するおよその年代（〜年前）。

タを用いて、その頃の世界の人口を概算できる。外挿によって一〇〇万人ないし一五〇〇万人という値が得られる。そこで五〇〇万人だったと想定しよう。一〇万年前の五万人から旧石器時代末の五〇〇万人というのは増加率として低い。農業の革新によって増加率は高くなった。五〇〇万人から現在の世界人口まで一万年を要した。平均増加率は旧石器時代の一四倍以上になった。

時代がさがると増加率はかなり大きくなった。二十世紀だけで一六億人からほぼ六〇億人になった。増加率は旧石器時代の平均の約二五〇倍だった。もしいまのパターンがつづくと、何十年かのうちに世界人口はきわめて危険な点に達する。自然は、流行病、飢饉、戦争の三つの方法で人類の出生の過剰を制御する。いまこれらのブレーキのすべてが作用しているように思われる。われわれにはまだ制御できない流行病であるエイズが猛威をふるっている。一〇億人がひどい栄養不良で苦しんでいる。これまでになかった数の内戦と宗教戦争が世界をゆさぶっている。これまでこうした紛争で原子爆弾は使われなかった。だが、失業し飢えたロシアの科学者や技術者が、または原理主義の国家に奉仕する過激な宗教グループが、人類を世界的なヒロシマの危機にさらすのではないかと恐れるのを妨げるものは何もない。

遺伝子の地理学の最近の研究によって、多くの膨張の例が与えられた。集団の数量的な地理的な膨張の同義語として、私は古代ギリシア語のダイアスポラスという語を使うことにする。旧石器時代と新石器時代に大きなダイアスポラスが多く起こった。歴史は過去五〇〇〇年間に起こった多くのダイアスポラスを記録している。遺伝子の地理的分布からそれを探り出すことができるだろうか。

旧石器時代の人類集団の規模が小さかったことは、遺伝的浮動による集団の遺伝的分化に有利に働いた。浮動によってすべての遺伝子にたいしランダムな変異が生ずる。したがって、小さな集団の間で大きな遺伝距離の生ずることが予想される。地理的にひろい地域にわたっての膨張によって近くと遠くの集団との間での混合が促進され、それが遺伝子の地理学に深い跡を残す。数千年後になっても地図の上でそうした移住を観察できる。同じ地域で数度の移住と膨張がつづいて起こると、それらは重なり合い、互いにはっきりしなくなる。だが、各回の地理的起源が異なれば、さまざまな統計手法によって波のそれぞれを見分け認識できる。

われわれの分析が示すところによれば、一般的にどの大きな膨張も重要な技術革新が原因だった。新しい食糧源の発見、新しい輸送手段の開発、軍事的な政治的な支配の増大などがとくに強力な膨脹の要因になった。最大級の膨脹の原因になった革新は、地域の人口増加を起こし、人口とともに移動した。穀物そのものとともに穀物農業の文化の輸出が起こり得た。中東が原産地の小麦と大麦は、新石器時代の初めに栽培されるようになった。同時にこんにちわれわれに馴染みのほとんどすべての家畜が家畜化された。農業をする集団が成長し、最終的に他の肥沃な地域へひろがり、そこで人口増加と膨脹のサイクルがはじまった。手なずけられた作物と家畜の増加を支えられるところであれば、どこだろうが膨脹していき、寒すぎるスカンディナヴィアやロシアの北部がそうだったが、農業に向かない環境で止まった。

幸いにしてすべての技術革新が人口増加と膨脹を起こしたわけではなかった。重要な人口増加の時代が、ヨーロッパでは中世の後半に起こった。その人口増加はさまざまな農業革新によるもので、蛮族による西ローマ帝国の崩壊がもたらした経済疲弊をくつがえした。この種の人口増加と経済膨張は、十五世紀に渡洋航海がはじまるまでヨーロッパだけに限られた。

最初の農業のひろがり

現生人類の旧石器時代の膨脹の細部の多くは永久にわからないだろう。だが、それよりも後代の膨脹はそれほど謎ではない。考古学者のアルバート・アンマーマンと共同して私は、中東での農業の始まりにともなう膨脹について研究した。この事象は新石器移行と呼ばれる。というのは、少なくとも中東では狩猟採取から穀物栽培と家畜飼育への移行は、時代の名前の起こりであるが、石器製作の新しい技術をともなったからである。そのしばらく後に、おそらく別のところで発明された陶器が導入され、それが他の発展を促し、その結果われわれは非常に有用な考古学的標識を与えられた。そうした標識のほうが新石器時代の道具よりも、ヨーロッパへの農業のひろがりを跡づける上で信頼できる。だが、最良の標識は、以前は得られなかった小麦などの穀物のひろがりである。

約一万年前の旧石器時代末の狩猟採取という生存手段を考えると、集団密度はかなり高かった。とくに人類の生存にもっとも適していた亜熱帯ではそうだった。その頃に気候の変化で生物相が変わり、人類は食糧を得る新しい方法を探さねばならなくなった。狩猟採取を食糧生産で補うことが、その頃に少なくとも三つの離れた地域ではじまった。すでに食物の一部になっていた地域の植物と動物の栽培と飼育が、中東、中国、メキシコと近傍の南米アンデスの北部高地ではじまった。それぞれの地域で食糧生産の独自の実際的な戦略が開発された。中東では未来の農民が数種の小麦と大麦の栽培と、牛、豚、山羊、羊の飼育をはじめた。北中国ではキビやアワ、南中国では米と水牛が生産された。豚はどこでも飼われた。アメリカではトウモロコシ、カボチャ、豆などの多くの作物がつくられた。だが、動物はあまり家畜化されなかった。これらの変化はほとんど同時に起こった。そのことは、地球的な気候の変化のような外圧と、自然資源の枯渇と人口増加のような各地域個々のさまざまな変化が組み合わされたことを示唆する。後者のふたつの要素は、気候の変化によって起こり激化されたのかもしれない。

最古の土器は日本で発見された。一万二〇〇〇年前のことで、この地域の歴史で重要な時期になっている。奇妙なことに、農業が日本に到着するにはさらに一万年もかかったのにたいして、中東では農業のはじまりから約一〇〇〇年後、日本で土器づくりが始まって三〇〇〇年後に土器が出現した。土器が日本から中東へきたことを証明するのも否定するのもむずかしい。確かに両方で独立に発明されたのかもしれない。土器技術の別の、より早い源として、より中東に近いサハラがあった。その頃のサハラはまだ砂漠ではなく、タッシリやチベスティの山々の絵や彫刻が示すように、山岳地帯にはかなりの人口が存在した。サハラの各地のオアシスで土器が少なくとも中東よりも一〇〇〇年も前から使われた証拠が存在する。だが、こちらについても、独立の発明か普及なのかを決めるのはむずかしい。

農業による資源増加によって、短い時間遅れがあったが、人口圧力は緩和された。生活条件が適していると人類集団は急速に増大する。原始的な農業でも、新しい世代ごとに人口は二倍になり得る。このことはいま多くの発展途上国でつづいている。そのような率ですすむと、狩猟採取に農業が加わることで集団が新たなより高い飽和度に達するのに、わずか数世紀しか要しないだろう。とにかく適している近くの地域は、耕地を探す農民によって占領されていく。原始的農民は肥料をつくる技術に欠けていたから、定期的に耕地を休ませるか、まったく新しい土地を探さねばならなかった。これがひろがりへのさらなる原因になった。このようにして農業の導入で地域の集団密度が増大し、地域の生態がゆるす極限まで地理的な拡張が求められた。

他よりも中東からの地理的ひろがりのほうが容易だった。というのは、小麦、大麦、家畜化された動物は、ヨーロッパのほとんど、北アフリカ(まだ砂漠ではなかった)、アジアの西部と南部をふくめ、広大な周辺地域により適していたからである。それにくらべメキシコでは、トウモロコシなどの穀物の北進は緩慢だった。というのは、広い砂漠を横断するのが困難だったからだろう。だが、南へはひろがった。作物のひろがりはアンデスでは速かった。生態がより多様だったからである。アンデスを除く、他の熱帯南アメリカでは、環境が原因で農業の発展は遅かった。中国とその近傍の環境の差異が、農業発展の道筋の相違を説明してくれる。この地域の農業革新のひろがりは限定された。中国の北はステップ、西は砂漠だった。だが、南中国と東南アジアは米の栽培に適していた。

中東では、新石器時代は約一万年前にはじまった。それはメキシコや中国での農業革命よりもやや早かった。それから五〇〇〇年が経って、青銅器時代になった。中東から農業経済は北東の方向へ、ヨーロッパへとひろがった。また同時に東方へ、イラン、パキスタン、インドへ、そして南西へ、エジプトへもひろがった。その農業はかなり複雑で、非常に多様な穀物と家畜を育てた。そのヨーロッパへの広がりはもっともよくわかっている。というのは、他よりもヨーロッパの考古学の研究のほうが幅広く、かつ長く積み重ねられてきたからである。

手なづけられた穀物は、起源の中東から非常に規則的にひろがっていった。そのヨーロッパ内でのひろがりは、考古学者によって克明に記録されている。アナトリア（トルコ）を経てイギリスにたどりつくのに四〇〇〇年以上を要した（一万年前にはじまり、毎年一キロメートルの割で進んだ）。地中海沿岸ではそれよりもやや速くひろがった。というのは、陸よりも海上のほうが遠くまで行けたからである。図5は、放射性炭素による年代決定をもとに、ヨーロッパにおける小麦のひろがりを描いたものである。

地域の気候への適応にともなう変化が当然生じた。広がりはマケドニアとギリシアから地中海沿いに南イタリアを経て、地中海西部の沿岸へと進んだ。早くからエーゲ海の島々で黒曜石を用いた道具が使われた。それによって新石器時代から住民が舟のつくり方を知っており、舟を使っていたことが証明される。無傷のままの新石器時代の舟がフランスのセーヌ川や、イタリア中部のブラッチアノ湖で発見された。新石器時代人はダニューブ河をさかのぼって中央ヨーロッパへ、またライン河などを通じてヨーロッパ平原へと進出した。ヨーロッパ平原では、特有の幾何学的な模様をもつ土器（いわゆる線土器）が発見されている。

中東の最初期の農民も、またマケドニアへの最初の農業移住者も土器を使わなかった。だが、土器が導入されるやいなや、その普及は非常に速く、農業とともにヨーロッパへひろがり、例外はほとんどなかった。すでに述べたが、とくに日本では、確実に農業よりも前に土器が発達した。その

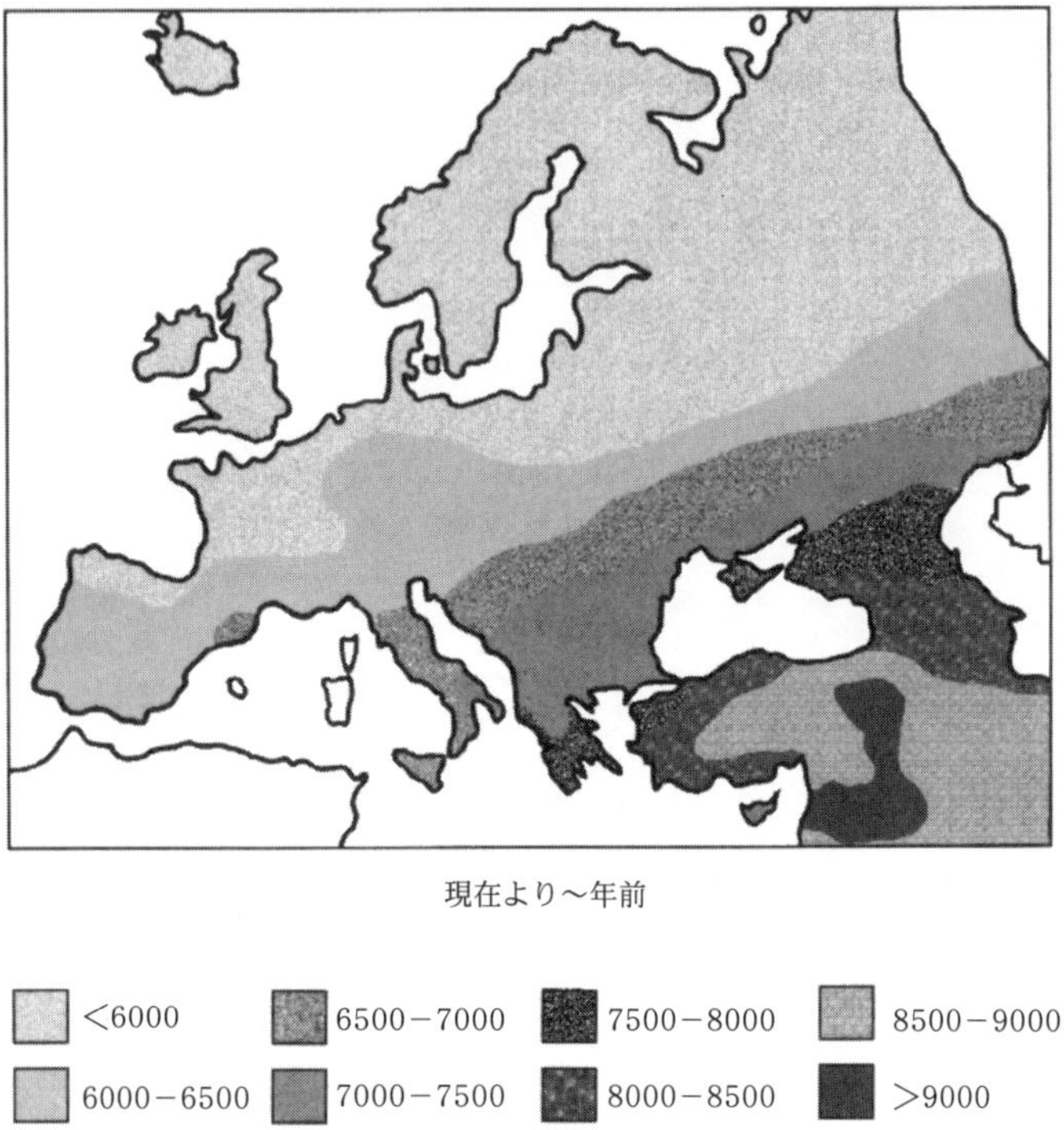

図 5　農業のひろがり——9500～5000 年前のヨーロッパ各地への中東からの小麦の到来〔出典：Ammerman and Cavalli-Sforza, 1984〕

ため考古学の術語で混乱が生じた。というのは、ヨーロッパや日本では土器を使う社会を「ネオリシック、新石器時代の」（石器技術にあてはまる語）と呼ぶからである。他方ヨーロッパで「新石器時代の」は、まだ土器を使うには至っていない農民（土器の採用は約一〇〇〇年遅れた）にたいしても使われ、一方日本では、農業を採用する一万年近く前から土器を使っていた者たちにたいし使われる。

すでに述べたが、土器が日本から中東へひろがった可能性を排除するのは困難である。中央アジア経由の交易ルートが早くから開かれていた可能性がある。シルクロードは、ローマ時代に中国からヨーロッパへ、その道によって絹が運ばれたことから命名された。この交易は中世に復活した。同じと思われるルートによって、早くから東西交易が行われた証拠がある。中国の西端の新疆地区の広大な墓地は北方ヨーロッパ人の遺体であふれており、交易路の古さを示している。このかつてのタリム盆地に近い非常に乾燥した砂漠地帯のため、完全に脱水された遺体が保存された。とくに冬に亡くなった者は完全に冷凍乾燥されて残った。そうしたミイラの一部は、明らかに目は青く髪はブロンドだった。肉眼観察の結果はｍｔＤＮＡによっても確かめられた。さらに残された彼らの衣服からも、彼らの起源が北ないし中央ヨーロッパであることが示唆されるように思われる。いまのスコットランドのタータンに似た織物、かつてはオーストリアやスイスの地域でも作られていた織物をまとった一体も見つかった。放射性炭素による測定では、彼らは少なくとも三八〇〇年前の人々であることが示された。一部がインドの文書に残っているが、いまは消滅したインド・ヨーロッパ語のトカラ語を、多分彼らは話していた。紀元七世紀の中国のフレスコ画には、優雅な衣服をつけたブロンドや赤毛の北ヨーロッパ人が描かれている。アメリカの東洋学者のヴィクター・メヤーは、こうした最近の発見を要約して、アジアとヨーロッパを結ぶ中央アジアのルートは非常に早く、おそらく四〇〇〇年前に開かれたと述べている。農業の始まる前、もしかするとその前から、その道が旅行に使われていた可能性が高い。モンゴル人のひろがりでこの地域から北ヨーロッパ人は消えたが、数個のヨーロッパ起源の遺伝子が中国の最西端の新彊に残っている。そこに住むウイグル人は、肌の色が多様であるという特徴をもつ集団で、モンゴルとヨーロッパの混合の比がほぼ三対一である。

人口増加による普及か、文化的な普及か

アルバート・アンマーマンと私は、つぎのような問題を立てた。移住する農民が農業を携えていったのか（われわれはこの過程を「人口増加による」普及と呼ぶ）、農業生産の知識と技術だけがひろがったのか（「文化的な」普及）。つぎのようないくつかの理由から、考古学者はこの問題にあまり関心を示さなかった。第一に、考古学的な記録だけからでは、これらふたつの可能性を区別するのは非常に困難である。さらに心理的な困難もあった。ふたつの世界大戦にはさまれた時代の考古学者は、あらゆる文化的な事象――中央ヨーロッパの青銅器時代と鉄器時代を通じて、斧や土器の様式の変化から埋葬形式の変化にいたるまで――を大規模な移住と征服との関係で解釈するように教育されていた。第二次大戦後このアプローチは、とくにイギリスの学派から批判された。そのた

め研究者は、開かれた商業ネットワークによって、技術革新は人口稠密な地域へ普及したという理論を唱えはじめた。この批判は重要だったが、最後には極端なドグマになった。第二次大戦前は、すべての文化の変化は大規模な移住のためと考えられ、その後は移住による説明は受け入れられないと考えられた。つまり、商人だけが物を携え旅行し、それがあとから発掘で回収されたというのだった。

考古学が示すところでは、農業のひろがりは非常に遅く、かなりの人口密度の増大をともなった。それとは対照的に、すべての純文化的な普及は非常に速く、人口増加の結果であることは稀だった。アンマーマンと私は、できるかぎり批判的であろうとして、ヨーロッパにおける農業のひろがりは文化的な過程なのか、それとも人口増加的な過程なのか、つまり、農業がひろがったのか、農民がひろがったのかをあらためて問題にした。大陸を通じてのそのペースの遅さは人口増加的な過程を示唆していたが、単に人類集団の成長と移住の速度だけから、人口増加的な過程の速度を予測できるだろうか。どのようにしてそれと観察される農業の普及の速度とを比較できるだろうか。

われわれはR・A・フィッシャーがつくった遺伝理論に助けられた。彼の理論は、われわれに関係ある環境的な人口的な問題に容易に応用できた。その理論によれば、人口に関する数式によって、人口が飽和に達し新しい領地を探しはじめる集団について、(膨脹の中心からの)ひろがりの半径速度を量的に予測できた。その頃は肥料の使用は知られていなかったので、地力の枯渇は速く、人口過剰のおそれが出てくると、地力の低下が集団の移住の動機になった。当然ながら移住者はまずもっとも近い無人の地域を占めた。だが、原始的な農民が移動可能な距離には限界があった。フィッシャーの理論によれば、ふくれあがる集団のひろがりは、ふたつの変数、集団の成長率と移住率に依存し、それは容易に計算することができた。考古学の記録が示すところによると、農業のひろがりは一年当たり約一キロメートルだった。舟が使われ、川沿いや海岸沿いの場合はそれより速く、物理的障壁の近くや環境が変化する地帯ではそれよりも遅かった。

移住率が低ければ、このような速度でのひろがりを保つためには、高い人口増加率を要した。逆に移住率が高ければ、人口増加率は低くてもよかった。知られるかぎりで最高の増加率は年三％強で、一世代以内に人口は二倍になった。このように人口増加率が高い場合、原始的農民の移住率は、ヨーロッパの新石器時代の移住と同じか、それよりも大きかっただろう。

考古学的記録から人口の増加率を測定するのは非常にむずかしい。というのは、変化率は初期値から連続的に減少するからである。もっとも一般的な増加曲線、すなわちロジスティック曲線の速度は、最初が最高で、そのあと減少し零になる。だが、われわれにとって関心があるのは、ただしばらく維持される、最初の率である。歴史が示すところでは、農民の集団が人口がまばらな地域を占めるとき、非常に高い率が可能になる。たとえば、三世紀あまり前のケベックがそうであった。最初の人口には約一〇〇〇人のフランス女性が含まれていた。彼女たちはルイ十四世によって集められた。すでにフランス領カナダに移住していた狩猟者と交易商人の男たちに嫁がせるためだった。彼らは、それ以外にフランス女性と結婚できなかったからである。そうした条件での結婚に同意した彼女たちには、ルイ十四世から持参金が与えられた。彼女たちは未来の夫を知ることもなく、「王の娘」と呼ばれた。ケベックの人口は爆発的な率で増加した。南アフリカへの最初のオランダ人移住者の増加率も同じだった(概算であるのはやむを得ない)。もちろんこれらの農民は新石器時代よりも進んだ農業を営んだが、人口の動態はほぼ同じだった。

こうした速い増加率のもとでは、移住は徐々でも、ひろがりの速度は一年当たり一キロメートルに保たれた。そこでわれわれは、人口増加と移住のデータは、新石器時代農民が人口増加のためひろがったとする理論に確かに合致すると結論した。

だが、この仮説は英米の考古学者にすぐには歓迎されなかった。状況が変わったのはごく最近のことである。たとえばケンブリッジ大学の考古学の教授のコリン・レンフリューが、一九八七年に出した本や一九八九年の『サイエンティフィック・アメリカン』の記事で、われわれの説を熱心に支持してくれた。われわれが一九七二年に提起したこの説を、いまでは数人の考古学者が受け入れている。新しい革命的な考えが科学界に受容されるのはむずかしく、これはそのひとつの典型的な例である。

中東からのひろがりの遺伝子による実証

考古学で移住を実証できるのは例外的な場合だけである。現代の発展途上国の人口研究によって、農業の普及の遅さは原始農民の増加と移住の情報と一致すると確信できるようになった。残念なことに、この一致はひろがりが人口増加によることを示唆できるだけであり、確かであると証明できない。

そこでわれわれは新しい方法を求めた。そのなかでひとつの方法が非常に満足できることがわかった。それは遺伝子の合成地図を描いてみることだった。

ひとつの遺伝子では充分に明確な結果を与えることはできない。どんな遺伝子も確率的な変動をうけ、単独の遺伝頻度を示す地図は、幾通りものありそうな解釈を可能にするからである。ひとつの例として、ふたつのよく知られている遺伝子の地理的な分布を論じてみよう。そのひとつはヨーロッパでのRhマイナス遺伝子で、その頻度はピレネ山脈で最高で、そこ以外では全体として減少する。もうひとつはABO血液型の遺伝子である。そのなかでO型の頻度はアメリカ先住民の間でほぼ一〇〇%に達し、他方B型の頻度は東アジアで最高を示し、ヨーロッパにかけて減少する。

Rhマイナス遺伝子はヨーロッパの対立遺伝子であり、それ以外では稀であるか絶無である。RhプラスからRhマイナスへの突然変異は西ヨーロッパで生じたと推定できる。というのは、現生人類がヨーロッパに約四万年前に移住したことがわかっているから、おそらく突然変異はその後に起こり、頻度を増し、その起源の地からひろがったのである。なぜ最初にRhマイナスの頻度が増加したのか。それを持つ者に淘汰で優位を与えたのかもしれない。だが、われわれにわかっている唯一の淘汰要因は、Rhマイナスの母親から生まれるRhプラスの子は出産障害か死産の確率がかなり高いことだけだから、その原因や経過を想像するのはむずかしい。確かにRhマイナスの母親からのRhプラスの第二子にはリスクをともない、そのリスクは以降のRhプラスの子ではさらに大きくなる。Rhプラスの子を最初に妊娠したときに生じた母親のRhプラス遺伝子にたいする抗体によって、胎児は損傷をうけるからである。こんにちではRhマイナス遺伝子について詳しくわかるようになり、Ｒｈプラスの子のリスクを最小にすることができる。とはいえ、Ｒｈプラス遺伝子が支配的である集団で、どのようにしてＲｈマイナス遺伝子が増加したのかを想像するのは依然として困難である。他方Ｒｈプラス遺伝子が、Ｒｈマイナスの集団のなかでは同じような不利をうけることも注意に値する。西ヨーロッパでなぜＲｈマイナス遺伝子が増加したのか。どうすればそれを説明できるだろうか。

ふたつの仮説が可能である。ひとつはＲｈマイナス遺伝子に有利な自然淘汰であり、もうひとつは遺伝的浮動によりＲｈマイナス型が高い頻度に達したとする説である。つねにそうだが、このふたつの標準的な代案のどちらかを選ぶことはむずかしい。浮動説は、最後の氷河期がヨーロッパで約二万五〇〇〇年前にはじまり、ヨーロッパ全体の人口をへらし、西ヨーロッパが東ヨーロッパと分離され、おそらく遺伝子の分化を促進したことによって支持される。

すでに第二章でわれわれは、ＡＢＯ血液グループについて同じ問題を提起しなければならなかった。両アメリカからＡ型とＢ型の遺伝子をほとんど消滅させ、Ｏ型遺伝子をほぼ一〇〇％にしたのは、自然淘汰か遺伝的浮動だったのか。他でもＯ型はかなり頻度が高いが、平均は五〇％であり、ある集団で五〇％の頻度と、他の集団で一〇〇％の頻度という差異は無視できない。可能な説明は、ベーリングの陸橋をわたって移住したのは小グループのシベリア遊牧民だけで、（「創始者効果」の形をとる）浮動によってＡ型とＢ型の遺伝子の跡を消してしまったというものである。北カナダの一部でＡ型が見つかったが、それは新しい突然変異か、後代のアメリカへの移民との混合か、あるいは別の淘汰によるものだろう。現代の集団と昔の人骨についてＤＮＡのレベルでそれらの遺伝子をさらに調べることで、最終的に答が得られるだろう。

他方の自然淘汰だが、自然淘汰で非O型の個体が除かれた可能性がある。その原因のひとつの候補は梅毒と同定されている。梅毒は一四九二年以降初めてヨーロッパにひろがった。それをひろげた事件はフランスのシャルル八世とスペインとの戦争で、ナポリの近くで一四九四年の八月から九五年の二月まで戦闘がつづき、最後にナポリが陥落した。そのあとナポリはスペインに支配されたが、接触伝染病であるこの病気はスペイン軍からフランス軍とイタリア住民へとひろがった。そのためこの病気には、スペイン病、ナポリ病、フランス病、ゴール病と、国ごとに異なる名前がついた。梅毒のアメリカ起源仮説は最初のすぐれたこの病気の科学的記述のなかで示唆され、そこでこの病気が命名された。当時の習慣としてラテン語の詩「シフィリス シヴェ モルブス ガリクス（シフィリスあるいはゴール病）」のなかで記載された。それを書いたのはジロラモ・フラカストロで、一五三〇年のことだった。詩のなかで、若いシフィリスという羊飼いが太陽神にしたがわなかったので、罰としておそろしい梅毒性の潰瘍におかされる。だが、神が許して植物と水銀による治療法を教える。また別の一五四六年の作品「デ コンタギオーネ エト コンタギオシス モルビス（伝染と伝染病）」でフラカストロは、梅毒、癩病、結核、チフスなどにたいしきわめて現代的に解釈している。これらに関する彼の特別な直観から、梅毒のアメリカ起源、それがクリストファ・コロンブス配下の水夫たちによってヨーロッパに運ばれたとする彼の説を私は正しいと思う。この説の信憑性は、梅毒の治療で（免疫学的な見地からして）O型の患者は他の血液型の者よりも早く治るという現代の知見でも裏打ちされる。

先に述べたが、単独の遺伝子の地理的分布の地図を説明するのは一般的にいってむずかしい。ABO血液型の場合、浮動説も選択説も両方ともに正しいと私は思う。Rhマイナス遺伝子の地図は中東の農民のひろがりと両立する。ただし、新石器時代の農民の間では他の世界と同じようにRhプラスが優勢で、他方、旧石器時代の西ヨーロッパ人の間ではほとんどが、あるいは全員がRhマイナスだったことに同意するならばという条件がともなう。だが、他にも多くの説明が可能である。

幸いにして、Rh以外の多くの遺伝子もこの解釈と一致する。中東の集団と、新石器人がひろがる前のヨーロッパに住んでいた種族とでは、頻度が異なる遺伝子だけが役に立つ情報を与えることができる。このふたつの地域でどの遺伝子がそうした差異を示すかは、あらかじめわれわれにはわからない。だが、起源の地から最終的な到達地との間でこんにちも有意な勾配を示す遺伝子は、一万年前も同じようにふたつの地域では異なっていただろうと、われわれは推測する。

農業がはじまる前の人口の規模は小さかったから、大きな遺伝的浮動があったと思われる。そのため地域によって遺伝子頻度は大きく異なった。あとからきた新石器時代の集団のほうが以前の集団よりも、より豊かな食糧を生産したから、新石器時代の集団のほうが旧石器時代の集団よりもはるかに高い人口密度に達することができた。彼らは近くの地域へひろがったが、ヨーロッパへの移住やその後の先住民との混合によって彼らの遺伝子が完全に薄められることはなかっただろう。中東からひろがって、ヨーロッパを横断するなかで、遺伝子が次第に薄められていったことを、われわれは観察することになる。

淘汰とはちがって、移住はすべての遺伝子に等しく影響する。その結果、すべての入手できる遺伝子頻度の情報を要約して地図を描くことによって、われわれは昔の移住の跡を再構築することができる。より多くの遺伝子を研究するほど、その結果の信頼性はより高まる。一九七八年アンマーマンと私がはじめたときは、三九の遺伝子に関するデータしかなかった。その後九五の遺伝子について分析を繰り返したが、結果は非常に似ていて、より正確になった。ヨーロッパでは別々の時期に大規模な移住があり、その跡がスーパーインポーズされているようである。ヨーロッパは、遺伝学的にも考古学的にも、多くの角度からもっとも深く研究されている大陸である。そうした移住のすべてを解明できるだろうか。

先に検討したが、主成分分析がまさにそれを助けてくれる。主成分（複数）はユニークな量で、多くの遺伝子の頻度、一般的にいえば多くの変数のなかに含まれるほとんどの情報を要約してくれる。各成分によって、地理的なそれぞれの地点での遺伝子頻度の変化に影響した要素が分離される。それらの要素の多くは異なる移住と膨脹によるものである。

主成分（ＰＣｓ）を計算するには、まずヨーロッパから中東までの研究したそれぞれの遺伝子について地図を作成する必要があった。われわれは三九の遺伝子について地図を描いた。遺伝子それぞれについて詳しいデータが得られ、コンピュータを使ってＰＣｓを計算した。そして最後に成分ごとに地図をつくった。いみじくも主成分と呼ばれるように（「主」という言葉は、他に多くの要素があっても、もっとも重要な要素を選んだことを意味する）、変化の全体が「成分」に分解されるのである。また各成分によって要約される変化が全体のなかで占める割合を計算することもできた。最大の割合を占める変化を説明する成分が、もっとも重要な成分になる。この方法はつぎのような順序で進められる。最初にひとつの値ですべての遺伝子頻度を表すことができる成分を計算する。その値は第一主成分と呼ばれ、地図の特定の地点で観察される遺伝子頻度の合計である。だが、各頻度には、遺伝子頻度ごとに異なる「重み付け」として働く値が、すでに掛け算されている。各遺伝子頻度への重み付けは、その遺伝子頻度が遺伝子の変化の全体をきめる上で大きく働いていれば大きな値を与え、そうでなければ小さな値を与えるという数理的な手続きによって計算される。したがって、ＰＣは「重み付けされた平均」とも云うことができる。それによってすべての遺伝子頻度が平均される一方で、特定の頻度ごとに精細な計算によって与えられる重み付けが施される。

第一主成分が計算されたあと、それがデータから除かれる。つぎに、第一主成分を差し引いたあとで得られる遺伝子頻度の変化から新しいひとつの主成分の計算へ進む。それで得られるのが第二主成分で、この方法がそのあとつづく第三、第四の主成分の計算に用いられる。主成分のそれぞれは互いに独立で、それぞれ異なる「重み付け」が用いられるが、そのそれぞれが各遺伝子頻度に掛け算され、その結果が合計され主成分そのものの値が出される。

許される成分の数は、遺伝子の数から一を引いた数になる。だが、その初めのほうの数成分しか意味がない。この方法によって各成分が遺伝子の変化の全体に占める割合が計算されるが、その割合は成分の次数によって小さくなる。したがって、第一主成分がもっとも重要である。われわれの最初の試みでは、最初の三つの要素しか計算しなかった。それによって遺伝子変化の全体の約半分を説明できた。

驚いたことに、図６に示されるように、ヨーロッパ地図の第一主成分は、放射性炭素によって推

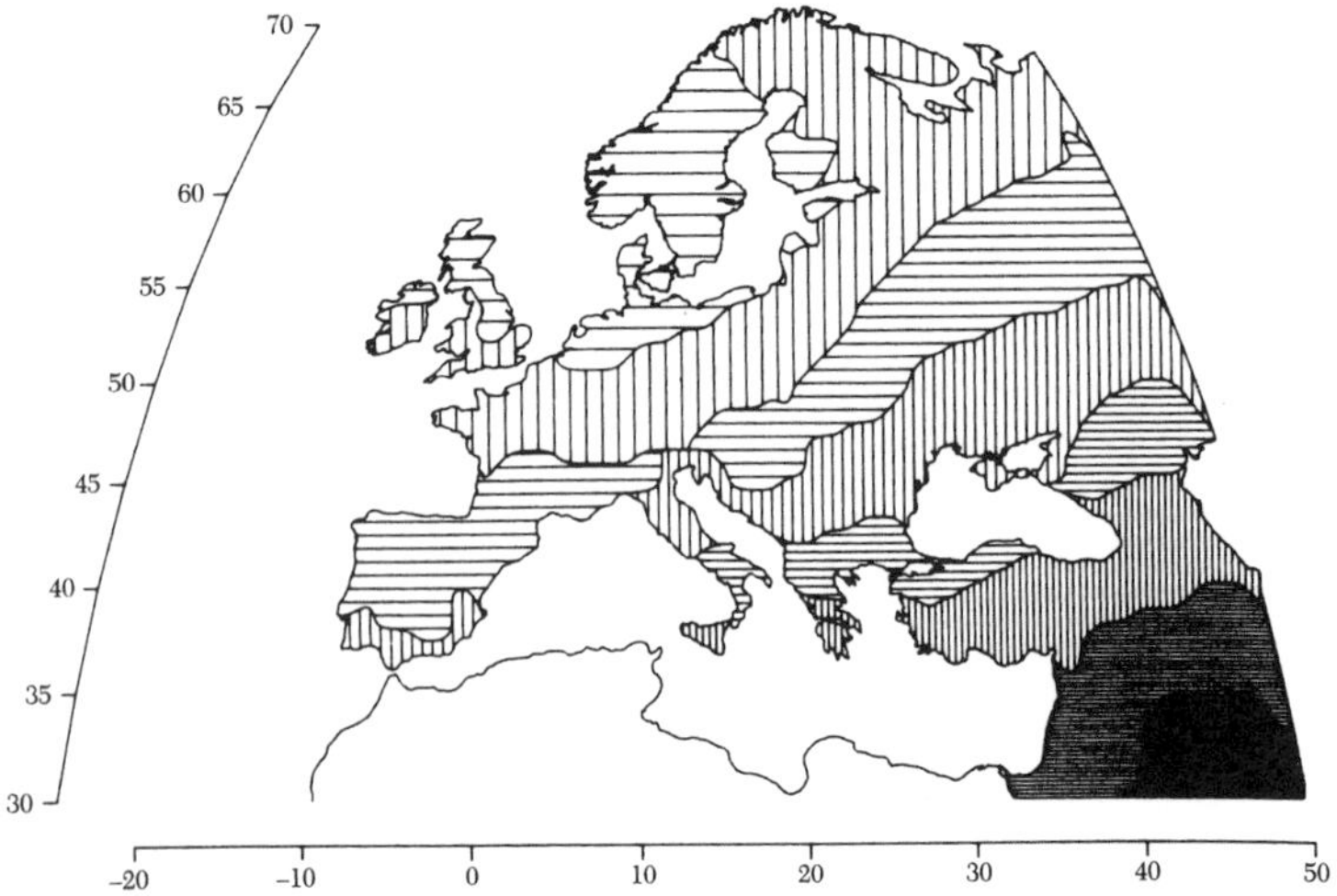

図 6　ヨーロッパにおける 95 種類の遺伝子の主成分分析で得られた第 1 主成分。農業のひろがりを表す図 5 と酷似していることは、単純な解釈によりわかるように、中東から農民がヨーロッパへひろがり、その過程で異なる遺伝子頻度をもつ地域の狩猟採取民と混合したことを示す。〔出典：Cavalli-Sforza, L. L. et al. 1994〕

定されたヨーロッパへの穀物の到来の時期をプロットした地図（図5）と完全に合致した。パオロ・メノッツイが、アルベルト・ピアッツアと私と協力しつつ、主成分の地図を描いた。彼は結果が一見してわかるほど正確だとは予想しなかったので、地図を見たとき大いに驚くとともに大いに喜んだ。考古学的な地図と遺伝子地図の間の相関は明瞭であり、この結果は独立の方法を用いてニューヨーク州立大学（ストーニーブルーク校）のロバート・ソーカルによって確認された。

これまでわれわれは、主成分地図のなかの異なる密度を示す帯の意味を説明してこなかった。ひとつの遺伝子頻度の地図で、それぞれの帯は任意に選んだ遺伝子頻度のレンジを表す。たとえば、ある遺伝子が一〇ないし二〇％を占めるレンジといった具合である。だが、主成分（複数）は、ここで説明するには複雑すぎる方法によって計算される係数で重みづけされた、多くの遺伝子の平均遺伝子頻度を用いて計算される。PC地図を表すのにどんな尺度を使うのか。各成分の平均値を零として、それを中心として作図のもとになる値が置かれる。作図のもとになる値は、平均値からマイナスの方向にもプラスの方向にも延びる。目盛りは応用統計の通常の方式によるが、基本的には任意である（統計の初歩を知る読者のために言えば、成分は標準偏差の単位で表される）。明敏な読者は、私が目盛りをきちんと定めないので失望するかもしれないが、短い言葉で説明するのは容易ではない。この問題で私がもっともひどい目にあったのは一九九四年、『ニューヨーク・タイムス』がこの研究に関する記事を掲載し、主成分の目盛りに説明を加えたときだった。私に相談なしに彼らがとったやり方は間違っていた。図6にあたる図の説明で、目盛りの一方の端は「より似ていない」、他方の端は「より似ている」と彼らは書いた。だが、彼らはこの説明によって当然生ずる疑問、何に似ているかについて答えようとしなかった。彼らに尋ねられたならば、ひろがりの源における遺伝子型により似ていることを表すことができただろう。だが、それでも概略を云ったにすぎない。というのは、目盛りの両端を正確に定義するのはむずかしいからである。目盛りの中央の値は、研究された地域における各成分の平均的な遺伝子型に相当する。またひとつの成分のふたつの方向——マイナスとプラスは、平均からの差を表す。実際には、一方の端の値は、ひろがっていく帯の中心として現れ、膨脹の中心を表す。そしてもう一方の端の値は、ひろがりをはじめる中心から遺伝的にもっとも異なる地域を示す。

その後サビナ・レンダインたちによるコンピュータ・シミュレーションによって (Rendine, S. et al. 1986)、とくに個々のひろがりの地理的な起源が実質的に異なり、また地域の集団がひとつの遺伝的に異なる別の集団によって部分的に入れ替わられる場合は、この方法を用いて個々のひろがりを有効に分離できることが示された。

膨脹する集団が混じり合う受け手の集団にたいし人口の点で優位にあるかいとしても、過程の終わりには確実に優位にあることが重要である。新石器農民のほうが旧石器集団よりも明らかに人口密度が高く、そのため現在でもヨーロッパの遺伝的背景では新石器への移行が重きを占めている。最近ドイツの考古学者が、北ドイツのケルンの近くの炭鉱付近で、「線」土器のひろがりを発見した。大規模な農業集団のひろがりを通じて、「線」土器の新石器時代初期の農民の文化に与えられた名前である。発掘結果が示すところでは、予期したように新石器集団の人口密度は高まっていた。さらにわれわれのコンピュータ・シミュレーションによって、混合の進行にともなう遺伝子の勾配は時代をこえてかなり安定で、新石器時代の末から五〇〇〇年以上も経っているのに大きな変化もなく残ることが実証された。

主成分分析を用いるのは、数理が嫌いな方々には不必要に複雑化したかのように思われるかもしれない。だが、ここでの数理は、数学的な背景を知っている方々にとってはもっとも単純な処理であり、「行列のスペクトル分析」として知られるものである。だが、われわれが最初の論文でこの分析について説明し、その後のシミュレーションで示したように、この方法は移住の積み重なりをほぐすのに非常に有効だった。すべての遺伝子頻度に適切な重み付けを掛け、その総和をとるのは、数学者が「線型分析」と呼ぶものである。主成分（複数）は互いに統計的に独立であるから、個々の膨脹を分離できるのである。移住は遺伝子頻度を「線型」に変化させるから、異なる起源から異なる時期に生じた移住は互いに独立であり「無相関」である。以上のような説明は複雑と思えるかもしれないが、この方法をあまりにも簡単に投げ出す前に、進化論の観点からして、明らかに主成分が個々の移住を分離するもっとも満足できる方法であることを認識しておくべきである。

新石器集団が到着する前の、旧石器ないし中石器の時代のヨーロッパ人にもっともよく似ている集団は、バスク人であることを指摘しておくべきだろう。彼らは他のヨーロッパ人の言語とはまったく異なる言語を話す。Rh遺伝子に関するマイケル・アンジェロ・エチェヴェリー、アーサー・モウラント、ジャック・ルフィエたちの研究によって、遺伝的証拠をもとにバスク人の原ヨーロッパ人起源がすでに示唆されていた。彼らの提言とわれわれの研究とは完全に一致し、バスク人は新石器人が到着する前からフランス南西部とスペイン北部で暮らしていた旧石器時代と中石器時代の集団の直接の子孫である可能性が高いことが示された。すべての昔の集団がそうであるようにバスク人は、新しい近所の者たちと次第に混じり合っていった。その意味で彼らは純粋の旧石器人ではない。だが、半族内婚のため（ひとつには独特のむずかしい言語のため、もっぱら彼らのなかだけで結婚するため）、彼らは近隣の集団とは明瞭な遺伝的差異、彼らの起源の遺伝子の構成を少なくとも部分的に反映する差異を保ってきた。

最近われわれの結論にたいし非常に信頼できる支持が、Y染色体標識に関する研究によって与えられた。中東からヨーロッパへと東西方向の強い間違いようのないひろがりが、シルヴァーナ・サンタキアラ・ベネレセッティに指導されたオルネラ・セミノたちのパヴィアの集団遺伝学者たちによって、一九九七年ふたつの重要な標識を用いて証明された。彼らの結果はオックスフォードのブライアン・サイクスのグループのミトコンドリアDNAに関する研究成果と当初一致しなかったが、用いる個人の数をふやしたところ彼らの結果が変わった。コセンツアのジュゼッペ・パサリーノとスタンフォードのピーター・アンダーヒルと私の研究室の者たちとともに、セミノはY染色体の研究を一〇〇〇人のヨーロッパ人の七つの新しい標識へ拡張した。その結果は発表されていないが、中東からはじまり、第二と第三の主成分からの結論の上に成り立つ農民のひろがりを劇的に確認させてくれた。その結果は、南フランスと東ヨーロッパの避難地からの氷河期後のひろがりを示唆し、中欧と東欧からのその後のひろがりについて新しい情報を提供した。

ヨーロッパの遺伝子の主成分

すでに見たように中東からの農業のひろがりと結びついた第一成分のあとの成分によって、それ以外のひろがりと、生物学的にまた歴史的に興味深い現象が明らかにされた。

第二成分（図7）は、変異の南北方向の傾斜を示し、それは気候との相関を示唆する。表面的に異なるもうひとつ別の現象、すなわち言語の分布も、遺伝子と気候の傾斜と関係している。北東ヨーロッパを通じて話される諸言語はウラル語族に属する。それはインド・ヨーロッパ語族に属する、ヨーロッパ大陸の他の地域で話される言語とは非常に異なる。ウラル語は主としてウラル山脈の東で話されるが、その多くが西側でも話される。たとえばサーミ語（不幸なことに、蔑称のラップ語の名で知られている）やフィンランド語は、西ウラル亜族に属する。それにたいしインド・ヨーロッパ語族は、西はスペインからイギリス、東はイランやインドで話される諸言語から成り立つ。そこには若干の断絶がある。バスク人がいるピレネ、ハンガリア（ハンガリー語はフィンランド語と関係がある）、フィンランドの東南（エストニア語、カレリア語）、トルコ（トルコ語はまったく異なるアルタイ語族に属する）などがそれである。われわれが知っているように、古代ローマ帝国のパンノニア地方ではラテン語が統治のための言語だった。パンノニアはほぼ現在のハンガリアに相当する。だが、パンノニアにはウラル語を話すマジャール人が九世紀の末に侵入した。彼らが自分たちの言語をこの地方に課した。これは征服でしばしば起こることだった。

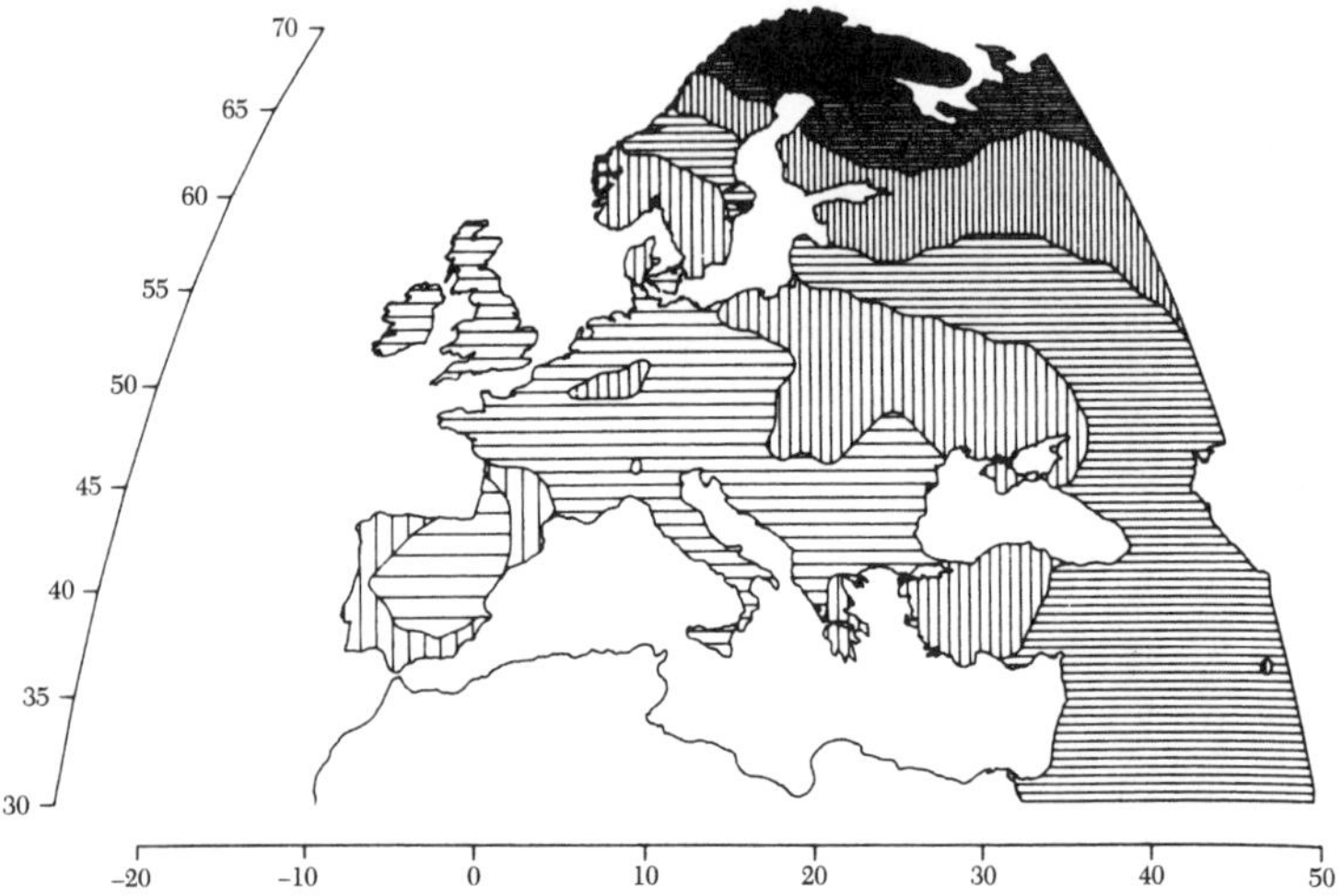

図 7　ヨーロッパにおける 95 種類の遺伝子の主成分分析で得られた第 2 主成分。遺伝子のひろがりのふたつの大きな流れがあったように見える。おそらくふたつのひろがり（ひとつの中心はヨーロッパの北東、他の中心は南西）が、最後の氷河期が終わったあとに生じた。

最初南西ヨーロッパは暖かい気候になれた者たちに占領された。遺伝子頻度の第二主成分は、緯度との相関が示すように、寒い北の緯度への適応による遺伝子の変化を示すのか、あるいは西シベリアからのウラル語を話す集団の到着によるのか。両方の説明ともに正しく、ふたつの異なる観点、生物学的な観点と言語学的な観点とから、同一の現象を示している可能性がある。

最近もうひとつ別の説明が、ヨーロッパの集団のミトコンドリアDNAの研究をもとにして、アントニオ・トロッニーによって示唆された。彼の提言では、第二主成分は、約一万三〇〇〇年前の氷河期の終わりの南西ヨーロッパからのひろがりを表す。この説明も正しい可能性がある。それとは別の見方をとると、北東からのひろがりはもっとも色の濃い帯、すなわちサーミの国に中心が存在する。他方、南西からのひろがりはもっとも色の薄い帯、すなわちバスクの国に中心が存在する。第二主成分の両極のそれぞれは、ひとつのひろがりの遺伝的な像として予期されるものに似たパターンを見せる。そのため第二主成分はふたつのひろがり、ヨーロッパのふたつの隅からはじまり中央をめがけて進行したふたつのひろがりから生じたのかもしれない。おそらく北東からのひろがりのほうが後だった。どちらも少なくとも初期は狩猟採取者で、移動はゆっくりしていた。ひとつの考えがこの着想を支持する。ひろがりは中心から周辺へすすむ。どの方向からも妨げられなければ、池に投じられた石がつくるように円形の波に似たパターンをつくる。だが、地理的な不規則性がめったにそれを許さない。そのため第一主成分の場合われわれは、円周の九〇度分に相当するひろがり、中東に要めがある扇に似た形を見たのである。それに反し第二成分の地図は、中心がバスク地方にあって扇のように東と北東へ開いたひとつのパターンと、中心が北東にあって扇のように南西へ開いたパターンをもつように見える。互いに正確に向かい合ったふたつのひろがりが存在した可能性がある。どちらの結果が大きかったか、また時期について割り出すのはむずかしいが、バスク地方から発したほうが早かった可能性が高い。

　ヨーロッパの北東の端とアジアの北西部に住むウラル語を話す人々の歴史については、さらに興味深い面がある。彼らには生物的にか、文化的にか、あるいは両方によって一段と寒さに適応する充分な時間が与えられたと思われる。ウラル山脈は旅する上で大きな障害にならなかったが、サーミ人だけがウラル山脈の西に住みながら、山脈の東側に住む集団と遺伝的連続性を示す。彼らは雪になれていて、少なくとも二〇〇〇年前からスキーの作り方と使い方を知っており、凍結した平原を速やかに移動できた。

　サーミ人は遺伝子的にはヨーロッパ人だが、彼らの起源がウラルの東だったためか、非ヨーロッパ人とも似ている。遺伝的に彼らがヨーロッパ人と似ているため、彼らのウラル起源が北ヨーロッパ人との混合によって、逆に彼らの北ヨーロッパ起源がウラル人との混合によって、部分的に隠されていることを示唆する。どちらにせよ、ヨーロッパ人の遺伝的要素のほうが優勢である。他のヨーロッパのウラル語を話す人々（フィンランド人とエストニア人）は、遺伝的にほとんど完全なヨーロッパ人に見える。ハンガリア人では、彼らの遺伝子の約一二％がウラル起源である。また第二主成分の地図で、遺伝子頻度が等しいことを表す線のなかに、ハンガリアを含むひとつの偏りを見いだす。それはわずかであるが、北の集団、とくにサーミ人との結びつきを示す。それにたいしフィンランド人は、ウラルの集団と遺伝的に混合した形跡をほとんど見せない。だが、この点については別の説明も存在する。フィンランドの研究者が示すところによると、フィンランドの集団は普通とは異なる一連の遺伝病をもち、他では稀かまったく知られていない遺伝的問題がフィンランドではときに頻繁に生ずる。この観察事実は遺伝的には単なる極端な遺伝的浮動として説明される。少数の個体からはじまったか、あるいはその後になって大幅な人口減少をこうむったどの集団でも、それは共通な現象である。つまり、彼らの遺伝病のパターンは非常に変わってしまう。その原因は、小集団に見られる異常な統計的変動にある。

妥当なシナリオはつぎの通りである。いまのフィンランド人の起源になった非常に規模の小さなグループが、二〇〇〇年前に南ないし東からフィンランドの原野に入った。その地域にはすでにサーミ人が住んでいたが、彼らは最後には北へ退いた。フィンランド人とサーミ人とは充分に接触したので、移住してきたフィンランド人はサーミ語を習得した。だが、実質的な遺伝子の混合は起こらなかった。とくにもし異なる言語を話す数通りの小さな移住者グループがこの地域に入ったとすると、彼らすべては、湖がいりくんだ地域で生き残る術を知っている者の言語、すなわち地域の方言を学ぶしかなかった。それと似た状況はモザンビークでも起こった。そこでは多様なバンツー方言が話されるが、植民者の言語であるポルトガル語が種族間のコミュニケーションに使われる。

第三の主成分はきわめて興味深い。図8はわれわれの最近の発表のため作成されたものと若干ちがっている。というのは、コーカサスを囲む重要な地域からI・S・ナシゼ博士によって集められた新データを追加できたからである（Piazza, A. et al. 1995）。この地図と、以前の地図とは全体の概観は最初非常によく似ているように見えるが、今度のほうが統計的に厳密である。それはコーカ

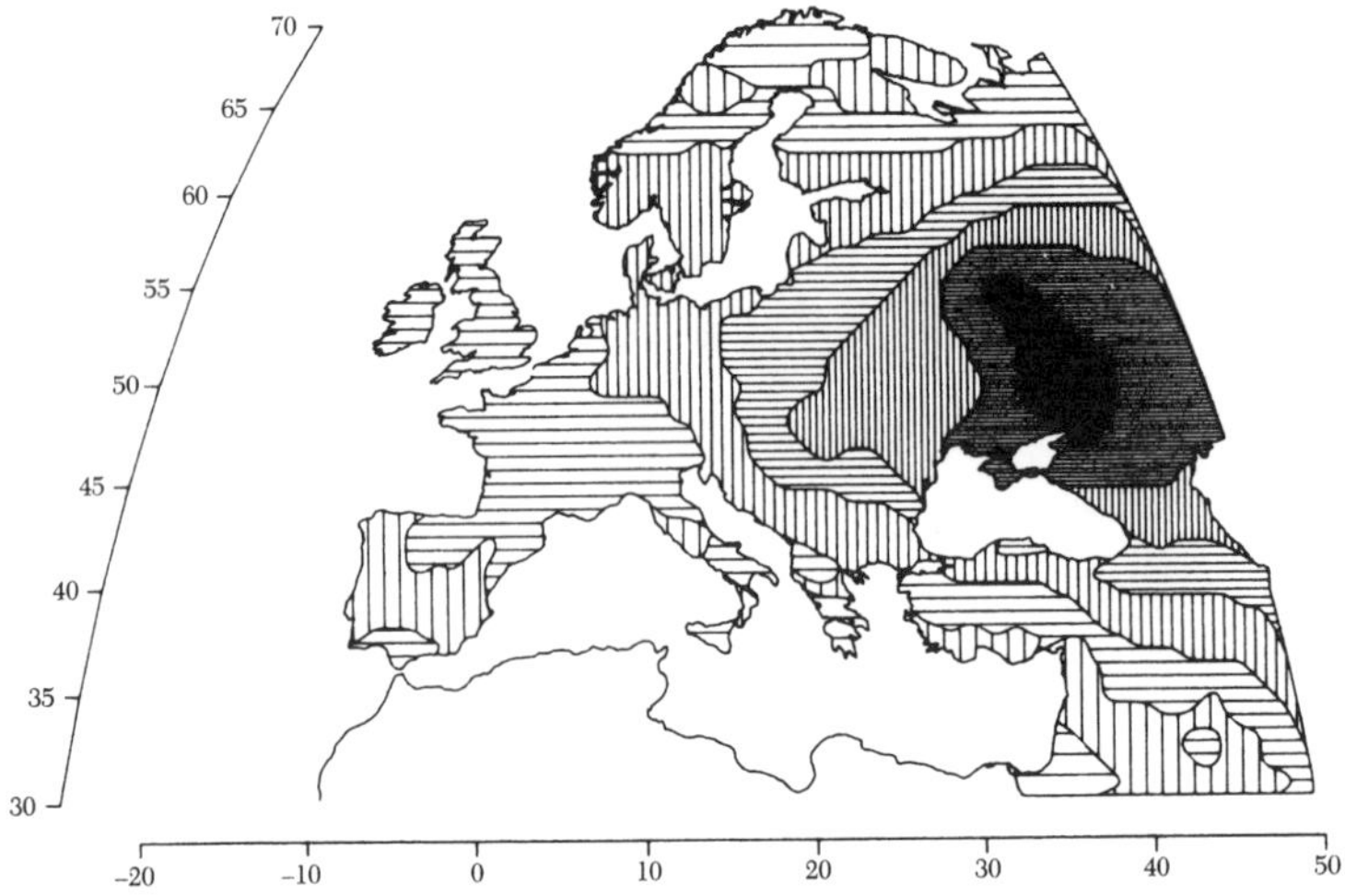

図 8　ヨーロッパにおける 95 種類の遺伝子の主成分分析で得られた第 3 主成分。ステップで馬を家畜化した遊牧民が黒海の北の地域からヨーロッパへひろがったことを示す。考古学者のギンブタスによれば、彼らが起源の地に墳墓をつくり、インド・ヨーロッパ語をひろげた。

サスと黒海とカスピ海の北からはじまったひとつのひろがりを示す。この地域はすでに考古学者のマルジャ・ギンブタスがインド・ヨーロッパ語を話す人々の故郷として提案していた。

言語の進化についてはつぎの章で論じよう。ここでは議論の大半はインド・ヨーロッパ語の地理的起源が中心で、中央ヨーロッパから中央アジアにいたる各地が提案されてきたことだけを述べるので充分だろう。マルジャ・ギンブタスは、インド・ヨーロッパ語は、クルガンと呼ばれる多数の墳墓が発見されたコーカサスより北でウラル山脈より南の地域からひろがったと示唆した。それらの墓には彫刻、貴金属、青銅の武器、兵士と馬の骨などが埋められていた。環境的にこの地域はユーラシアのステップ（草原）に属し、ほとんど途切れなくルーマニアから中国の東北までひろがっている。この地域では馬が普通に見られる。最近考古学者のデイヴィッド・アンソニーが示したところによると、このクルガン文化の近くで馬が家畜化され、五〇〇〇年以上前から戦車と青銅の武器がつくられていた。書かれた資料がないため考古学者は、その頃そこでどんな言語が話されていたかを云うのは非常に困難である。

別の考古学者のコリン・レンフリューが違う仮説を提出した。彼の考えでは、インド・ヨーロッパ語はいまのトルコに当たるアナトリアが起源だという。この地域の最初の農民が原インド・ヨーロッパ語を話し、彼らがヨーロッパにひろがった。彼は仮説の根拠を農業は文化的にではなく農民とともにひろがり、その農民が自分たちの言語を携えていったことに置いている。この仮説は言語学的にはギンブタスの説ほどは支持されていない。だが、のちに見るように、このふたつの説はまったく矛盾するわけではない。

クルガン文化の担い手たちは遊牧民で、農業があまり生産的でない草原で馬を家畜化した。馬によって乳、肉、輸送が与えられ、またのちに彼らが気づいたように軍事力が与えられた。もともとこれらの遊牧民は中東かアナトリアの農民の子孫であったかもしれず、おそらくマケドニアとルーマニアを経てステップに到達し、九〇〇〇年前ないし一万年前農業がはじまった頃アナトリアで話されていた原インド・ヨーロッパ語のさらに原語を話していたかもしれない。したがって、九〇〇〇年前ないし一万年前アナトリアでの共通原語（複数）がインド・ヨーロッパ語の初期の形態であり、それが局部的にバルカン地方とステップへひろがったというわけである。クルガン地域のこの初期のインド・ヨーロッパ語から分化した諸言語が、さらに三〇〇〇年後ないし四〇〇〇年後に遊牧民によってヨーロッパへとひろげられた。

さらにあとの主成分によって説明される変異の割合と、それらの意味するところは、原理的にいって次第に低下していく。だが、第四と第五の要素もヨーロッパの場合は統計的に信頼でき、また簡単に説明できる。第四成分（図9）はギリシアから南イタリアへのひろがりを示す。南イタリアはラテン語でマグナ・グラキア（大ギリシア）と呼ばれた。というのは、南イタリアのほうが重要になり、ギリシア本土よりも人口が大きくなったからである。ギリシアの拡大にはマケドニアも西トルコも含まれる。われわれが知っているように、エーゲ海の島々は歴史時代のギリシアよりも長い歴史をもち、そのすぐれた芸術は称賛されている。ホメロスは紀元前一三〇〇年頃に起こったトロイの破壊しか語っていないが、それまで長く栄えていた。紀元前一四〇〇年より古いクレタ文明は線文字Aといわれる文字をもっていた。線文字Aはギリシア語とは異なるらしい。最初の書かれ

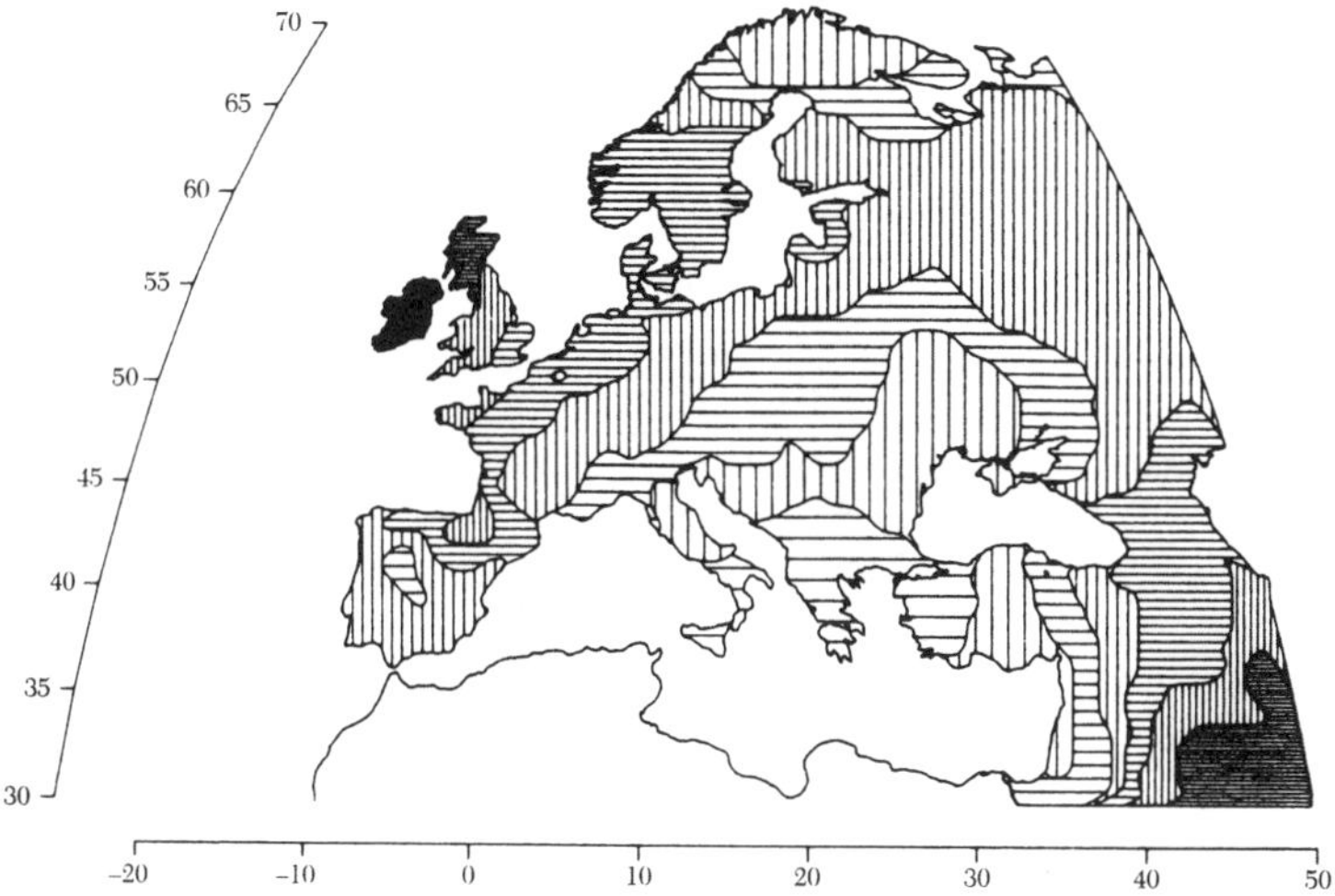

図 9　ヨーロッパにおける遺伝子の第 4 主成分は、前 1000 年以降のギリシア人による植民を示すように思われる。

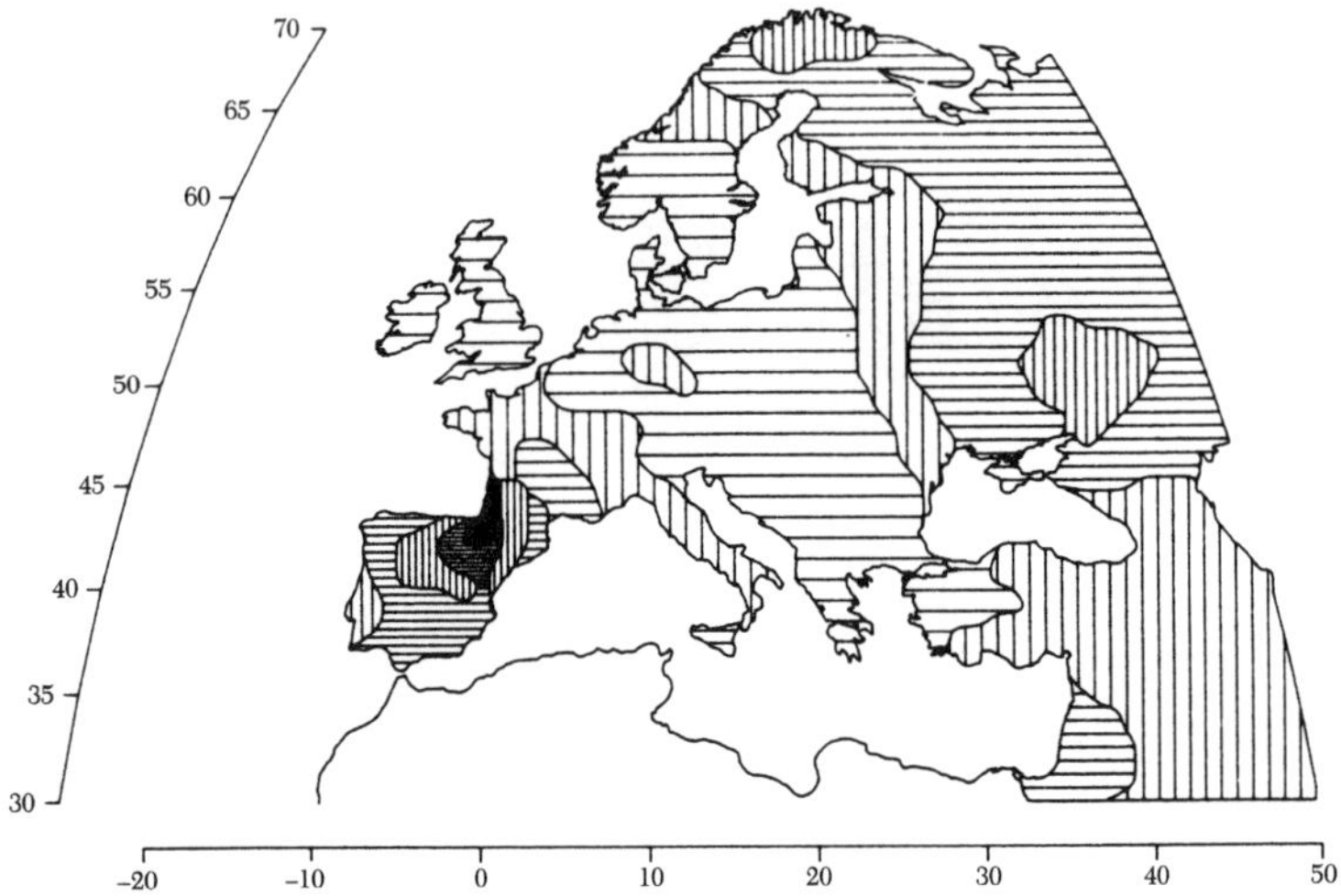

図 10　第5主成分はバスク語を話す人々が占めた地域に相当する。〔図6～10の出典：Cavalli-Sforza, L. L. et al. 1994〕

たギリシア語の例は線文字Aに似た後代のクレタ文書のなかに残っており、線文字Bと呼ばれる。ギリシア人は紀元前八〇〇年頃から南イタリアへ組織的な植民をはじめた。

第五の主成分（図10）は、容易にそれと同定できるバスクの故郷にひとつの極があることを示す。この要素は小さな規模で第二主成分でもひろがりとして繰り返される。現在バスクの言語と文化は南西フランスと西ピレネの北スペインに残っている。ローマ時代の歴史、地名、遺伝データのいずれもが、かつてバスク人がいまよりももっと広い地域に住んでいたことを確認させてくれる。いまでもバスク語が話される地域は大幅に縮小した。フランス語を奨励する圧力で、とくにフランス側でそれがいちじるしく、バスク語の話す人々は僅か一万二〇〇〇人ぐらいになってしまった。スペイン側ではもっと多くの人々が話している。旧石器時代の末、バスク人の地域は古い洞窟画が発見されるほとんど全域にひろがっていた。バスク語は三万五〇〇〇年前から四万年前に話されていた言語を受け継いでいると見てよいいくつかの鍵が存在する。その頃フランスが現生人類によって初めて占領された。バスク人はおそらく南西から、あるいは東からも来たと思われる。洞窟画を描いた者たちは、最初の前農業時代のヨーロッパ人の言葉を話していただろう。そこからバスク語が誕生した。

ヨーロッパ以外の人口のひろがり

中東から多くの方向へ、他の独立の農業の起源の中心へ向かっての農業のひろがりを、われわれは見てきた。東へのイランやインドへのひろがりは、アジアの遺伝子地図にはっきり見られる。同じようなひろがりの波がアラビアや北アフリカへも進んだ。だが、その後に砂漠になった多くの地域がそうだったように、最初の集団は僅かしか残らなかった。新石器時代人ともっと後代の集団との入れ替わりが、いまのサハラ砂漠でもっとも広範な形で進行した。アフリカでは白人（コーカソイド）と黒人とが混合した広い地域が見られる。それはサハラ全域にわたり、また白人のスエズと地中海の横断や、東アフリカでは後代のアラブとの接触によって進行した。その経緯は歴史的に記録されている。サハラの昔の洞窟画が明らかにするところだが、最初のサハラの集団は黒人だった。彼らは約五〇〇〇年前にコーカソイドと混合した可能性がある。ジャブバレンと呼ばれるところの近くのタッシリでもっとも美しい壁画には、ふたりの魅力的な若い女性が描かれている。いまではその姿は、サヘル（サハラの南の縁の半砂漠地帯）に住む黒人集団にちなんで、若きピュール（あるいはフラニ）と普通呼ばれている。ピュールの典型は遊牧民で、先祖と同じように牛の群れを追って暮らしている。サハラの山地に見られる絵も多くの牛を描いているが、そのほとんどは家畜化されていた。

地中海沿岸により近い地域に住むベルベル人の集団はおそらくコーカソイドだった。彼らが中東からきたことは疑いない。彼らは新石器時代、あるいはそれよりも前からこの地域を占めていた。他の新石器時代人と同じように経験をつんだ船乗りだったので、彼らはカナリア諸島へ入植した。十五世紀にスペイン人がそれらの島を征服したとき、彼らは髪がブロンドで目が青い人々を発見した。この特徴はいまもモロッコのベルベル人の一部に見られる。彼らは、アフロアジア系のベルベル語のひとつであるグアンチ語を話す。だがスペイン人がやってきたとき、彼らはすでに航海能力を失っていた。

多くの場合ベルベル人は、七世紀にはじまるアラブ人の到来とともに、内陸の山地への避難を余儀なくされた。サハラで支配的な集団のツアレグ人もベルベル語の一種を話す。彼らは遺伝的にベジャ人とよく似ている。ベジャ人も砂漠の遊牧民で、サハラの最東端にあたるスーダンの紅海沿いに暮らしている。

現在もサハラ山地で暮らしつづけているグループはごく少なく、一般的にベルベル人やツアレグ人やベジャ人よりも肌の色が黒い。テダ人がチャドのティベスティ山地に、ダザ人がエネッディ山地に、ヌーバ人がスーダンのコルドファン丘陵に住んでいる。もしこれらの遠く離れた集団から充分な量の資料が得られるならば、最近の最強力の分子的な方法によってこれらの全グループを比較することは、非常に意味があるだろう。より色が黒いグループがサハラの土器づくりのグループにより近い子孫だろう。サハラの土器は中東の土器よりも古い。過去五〇〇〇年ないし六〇〇〇年の間に北または東から白人の集団がサハラに到着して、黒人の最初の住民と混合するか、部分的に入れ替わったとする仮説も成り立つ。

サハラは約三〇〇〇年前からいまのような砂漠に変わりはじめた。馬はアジアから輸入された乾燥に耐えるラクダと入れ替わった。そして農業集団は南への移動を余儀なくされた。

北アフリカで中東よりも先に牛が家畜化されたかどうか定かではない。だが、北アフリカのほうが先だったとする解釈を支持する考古学的な遺伝学的な証拠がいくつかある。初期のサハラの岩絵には多くの牛が見られる。南へ向かった牛飼いは、西アフリカや中央アフリカの熱帯林の縁では牛は生きられないことに気づかされた。ツェツェ蝿が牛の眠り病を伝染したからである。サハラの遊牧民を支えたのは、サハラの南縁のサバンナだけだった。この牛飼いたちの体格には特徴があった。背が高く、やせていて、腕が長かった。フランスの人類学者のジャン・イエルノーが「エロンガスィヨン(伸長)」と形容したが、この体型は高温と乾燥の環境での生活への適応である可能性が高い。彼らはナイル・サハラ語をしばしば話す。

三〇〇〇年前ないし四〇〇〇年前乾燥しはじめたサハラを出た農民は、砂漠の南がモロコシ、キビ、アワなどの穀物、牛、羊、山羊などの家畜に適していることに気がついた。マリやブルキナファソでは、農業の発展によって人口が増加したようである。だが、この重要な地域では考古学的な情報が欠けている。そこで人口が増加したという印象を与えるのは遺伝子変異の研究結果のためであり、この点を考古学者が留意するように望みたい。ところで、さらに南となると、もっと根本的な解決が必要だった。北で馴らされた動植物は熱帯では成長できなかったからである。そこでまったく新しい植物、地域の森にあった根菜や塊茎が作物化された。だが、アフリカでは熱帯農業の満足できる解決は得られなかった。はるか後代になって、マニオックともカッサバとも呼ばれる、ふたつのよく似た根菜——何千年も前に南アメリカの森で作物化された——が、十八世紀におそらく宣教師たちによってアフリカへ導入され、たちまちアフリカの森林のいたるところに根づいた。いまではそれが熱帯アフリカの広い地域で主食となり、カロリー源になっている。

西アフリカでは、地域の植物や穀物を栽培する数グループの人口が増加しひろがった。セネガル、マリ、ブルキナファソ、そしてとくにナイジェリアとカメルーンからのひろがりは、言語という強力な証拠によって支持される。新石器時代の末の約三〇〇〇年前、あるいはそれよりもやや早い頃、カメルーンの近くで劇的な人口爆発が生じ、紀元前五〇〇年頃からはじまった鉄の使用によって促進された。これがバンツー人口爆発である。この呼称は人口爆発の主人公たちの言語にちなむもので、その言語はニジェール・コルドファン語と呼ばれるアフリカで重要な語族のなかで、もっとも新しく、もっとも大きな勢力をもつ枝を構成する。彼らのひろがりの結果、中央アフリカと南アフリカはバンツー語を話す者たちによって急速に占められた。彼らが喜望峰へ近づいた頃、そこにオランダ人がインドへ行く船への供給のため入植してきて、よく知られているような結末が生じた。すでにジャン・イエルノーが認めていたが、バンツー人は比較的均質で、彼らと近い関係にある他の西アフリカ人とは異なることは、遺伝的に明瞭に示される。彼らは東アフリカではナイル語を話す人々と混じり、南アフリカではコイサン語を話す人々と混じった。イエルノーは的確に人口爆発を指摘していた。それは三〇〇〇年以上にわたってつづき、新石器時代のヨーロッパでのひろがりよりも一・五倍の速度で進行した。その第二波のひろがりでは、まだ石器を使っていた新石器時代のヨーロッパ人よりも進んだ技術である鉄器を使っていた。

中国の北部、東部、南部で、独立に、ほとんど同時に農業が発展した。北では西安の地域、秦王朝や漢王朝の中心になった地域では、（紀元前二二〇年頃以降）キビと豚で大きな成功をおさめた。南中国では米と水牛の農業がすすめられた。南中国には二つないし三つの重要な農業の起源の地域が存在した。そのひとつが台湾で、長く本土に従属し、その後のフィリピン、メラネシア、ポリネシアへの大量の移民の基地になった。

旧石器時代の中国のふたつの地域は非常に異なり、その差異は現在の住民の間でも明瞭に見られる。遺伝的にいって北中国人は満州人、韓国人、日本人に似ている。それに反し南中国人は東南アジア人に似ている。中国は二〇〇〇年以上にわたってひとつの国として統一されてきたが、またその間に内乱もあったが、遺伝的にまた文化的に分かれたままだった。北と南はふたつの世界である。共通の言語と政治的基礎によって結びつけられてきたが、かつての差異の一部を保ってきた。

これまで数千年にわたって、もっとも重要なひろがりが中央アジアから起こった。それは遊牧経済における技術発展のお蔭だった。アジアのステップでは農業はうまくいかなかったが、馬の家畜化によってユーラシアの遊牧民は移住と軍事的征服でかつてない優位を獲得した。クルガン地域（ウラル山脈の南の草原地帯）からいくつもの移住の波が起こり、ヨーロッパとアジアの歴史に大きな影響を与えた。おそらく紀元前三〇〇〇年から紀元前二〇〇〇年の間に最初の南アジアへのひろがりが生じ、トルクメンを経由しイラン、パキスタン、インドへ到達した。その通過のため紀元前一五〇〇年頃にインダス文明――ハラッパとモヘンジョダロなどの壮大な都市を建設した文明――が消滅したと見られる。同じ頃、遊牧民のひろがりとして、アルタイ山脈にかけての草原にインド・ヨーロッパ語に関係するいくつもの王朝が建てられた。

紀元前三世紀の頃、アルタイ語族のなかのトルコ語を話すグループ（そのひとつがフン族）が新しい武器と戦略の開発をはじめた。つぎの世紀には彼らは中国、チベット、インド、中央アジアの帝国をおびやかし、最後にトルコに到達した。コンスタンチノープルとビザンチン帝国は一四五三年に彼らの軍隊によって征服された。その子孫による侵略は最近までつづき、ヨーロッパや北アフリカにまで及んだ。彼らの移動の遺伝的痕跡がときどき見いだされるが、多くは薄められている。というのは、征服者のほうが被征服者よりも数がいつも少ないからである。こうしたモンゴル系の遊牧民が永住することになった西端のトルコやバルカン地方では、彼らの起源を示す遺伝子の跡ははっきりせず、調査が限られている。歴史に残るその後のユーラシア遊牧民のひろがりは、アヴァール人とスキタイ人によるもので、彼らがローマ帝国を亡ぼした。それ以前の征服はほとんど不詳のままである。

遺伝子の分析が示すところによれば、日本海の近くで――可能性として日本そのものも含まれるが――大規模なひろがりが始まったが、その年代の確定はむずかしい。非常に早かったかもしれない。われわれの考古学的知見によると、土器の始まりと同時期、あるいはそれに先立って、一万一〇〇〇年前ないし一万二〇〇〇年前に起こった可能性がある。その後ここから土器の技術が中東へひろがったことも完全に否定することはできない。土器は食糧の保存のために重要であり、日本の周辺の広い地域における古代の土器の年代について、もっとわかることが必要である。日本における考古学的遺跡の統計的分析から推定される人口増加をたどると、人口が極大に達したのは四〇〇〇年前であった。この年代は、遺伝的データが示すもうひとつ別のひろがりの年代の候補になり得る。

マラリアが重大な病気になる地中海や太平洋の沿岸では、しばしばヘテロ接合体の状態であるが、マラリアに抵抗できる突然変異が集中的に見られる。熱帯では、また一部の温帯では、マラリアはもっとも重大な病気である。サラセミア（地中海貧血）や鎌状赤血球貧血のような数通りの突然変異が、マラリアの流行地域では選択的優位を与える。サラセミアなどのマラリアへの抵抗を与える遺伝子のDNA標識を調べることによって、古代のギリシア人、フェニキア人、マライポリネシア人の移住の跡をたどることができる。

北アンデスでも重要な人口のひろがりがあった。それはおそらくメキシコで始まった。ブラジル平原をめざすルートのひとつは、熱帯の森林でも育つマニオックの栽培によって維持された可能性がある。マニオックがアフリカで成功したことはすでに述べたが、バンツー人のひろがりを支えた穀物に取って代わった。北メキシコの農業の進歩は遅かった。砂漠のため約二〇〇〇年前まで農業が北アメリカへひろがるのが遅れた。

オーストラリアの沿岸は森林が、内陸は砂漠がひろがっていたため、農業は適さず、十八世紀の末にジェイムス・クックが到着したあと、やっと農業が盛んになった。ニューギニアは現在オーストラリアと海で分かれているが、とくに高地は農業に適し、早くから農業が始まり何千年にもわたってつづけられた。その後マライポリネシア人が沿岸部に入植し、人類が住むようになってからのニューギニアは、オーストラリアよりも小さな島だが、人口はより大きかった。

人類のひろがりの起源

現生人類が進化した過去一〇万年に移住が節目をつけてきたこと、その遺伝的痕跡が主成分地図に見られることは明らかである。一般的にいって拡大は、人口増加とその結果としての移住をうながす新しい技術の発明と使用によって決まる。たとえば食糧生産は人口増加に拍車をかけ、新しい集団を移住させ、新しい地域を占め、そこを耕作するように仕向ける。輸送の革新もまた移住を助ける。同様にして、人口の流失を余儀なくされた後代のいくつかの拡大においては、軍事力が優位をもたらし、それが不可欠でさえあった。だが、軍事的行動が人口のひろがりの主要な原因だったことは稀で、遺伝的な移住の劇的な原因ではなかった。軍事的優位によって小規模な兵力が大規模な集団を従属させることができたとしても、文化的な影響はしばしば大きかったが、遺伝的影響は小さかった。ただし、ミトコンドリアDNAとY染色体を比較することで、性差が増幅されたことを見ることができる。集団のひろがりの遺伝的結果は、移住者の数と占領された地域の住民との比に依存する。

原始的な農民が狩猟採取民の地域へ移動した場合を見てみよう。狩猟採取民は飽和密度が低い状態で暮らし、繁殖速度は低く（約四年に一子）、ほとんどゼロ成長である。彼らは半遊牧的で、移動するときは幼児をふくめ、あらゆるものを運ばねばならない。このことが、死亡者を補うのに充分なだけという低い生殖率の主要な原因と認められる。ピグミーは子が生まれたあとの三年間は性タブーを守っている。それほど極端ではないが、その種のタブーはアフリカの他の諸集団でも見られる。ところが、栽培と家畜飼育によって、人口密度は一〇〇〇倍も高まり、養える子の数を制限していた遊牧的な暮らしに終止符をうつ。さらに定住的な社会では、子どもが働き手や老人の守り手となるので、子どもの数が多いほうが有利になる。そのため農業社会は急速に成長することができる。一般的に農民は、狩猟採取者よりもすぐれていると考える。両者の間の結婚が認められることが多いが、男が農民である場合にのみ認められるのがもっとも一般的な規則である。一部の社会ではピグミーの妻をめとることが許されているが、それは彼女たちが多産と信じられ、かつ（サハラ南縁のアフリカでは親から嫁を買うため）安く結婚できるからである。逆の状況は社会的に受け入れられない。妻は社会的ステータスをのぼることはできるが、簡単にさがることはない（これを人類学者はハイパーガミー、上昇婚と呼ぶ）。農民が新地域に入ったとき農民のほうが数でまさっていれば、彼らのほうが狩猟採取者よりもより速く増加し、たちまち数の上で狩猟採取者を凌駕してしまう。急速により高い飽和密度に達するので、彼らは狩猟採取者にたいし遺伝的優位を占める。というのは、地域の究極的な遺伝子構成は、遺伝子型の相対的な数に依存するからである。

人口密度の点でいうと、遊牧民は定住農民と狩猟採取者の中間に位置する。彼らは農民の村落や町の外のキャンプで暮らすことが多いが、移動中も生殖を制限する理由があまりないので、容易に増加しひろがる。しばしば彼らは家畜を守るため武力をもち、それによって多数の農民のグループにたいし支配権をもつ。アーリア人はインド亜大陸を占領した遊牧民だが、多くのカーストからなる社会を形成した。カーストは強固な階層で構成された。いまでもインドの地方ではそのままであり、きびしい族内婚で（カーストをまたぐ結婚を禁じ）、せいぜい許されるのは上昇婚（女性のみが上のカーストに嫁ぐことが可能）である。初期のアーリア人が最高のカーストであるブラーマンを構成し、そこから僧侶や哲学者などのヒンズー社会の実質的な指導者が供給される。権力や権威は、数ではなく、社会的地位によって得られる。アーリア人はインド・ヨーロッパ語を話し、それをアフガニスタン、イラン、インドにひろげた。ドイツ人を最初のインド・ヨーロッパ人と仮想して、アーリア人という名前をヨーロッパ人、とくにドイツ人を含むように拡張したのは、ドイツではじまった幻想であり、それをナチの理論家たちが称揚した。インド・イラン人の古い言語であるサンスクリット語で、アリアスとは高貴な、首長、支配者を意味した。

ひろがりのたびに異なる遺伝的勾配が生ずる。というのは、起源の地からひろがった者が最初の居住者と混合する程度がそれぞれ異なるからである。主成分地図の助けがなければ、個々の移住の遺伝的影響を見ることはできない。だが、近い将来はちがってくるだろう。分子遺伝学の新しい展開によって、人類の進化を通じての特定の個人の移動の跡をより直接的に調べられるようになり、人類のひろがりをきめこまかく分析できるだろう。だが、いまの研究資金の規模のままでは、そのために必要なデータを集積するのに時間がかかるだろう。

主成分の順序に意味を与えることができるかと問う人がいるかもしれない。第一主成分が最古の事象に相当する可能性が大きい。というのは、かつては集団の規模がそれだけ小さく、集団間の当初の遺伝的変異が遺伝的浮動によって最大化されるからである。主成分それぞれの値は、主成分によって見いだされる遺伝子の勾配がもたらす大局的な遺伝子の変異を示す。勾配がいちじるしいほど、その成分によって説明される変異の総量が多い。ヨーロッパでは成分の順位と年代との間の相関の存在を証明できる。ヨーロッパの場合、最初の五つの成分それぞれによって説明される変異、すなわち全情報のうちどれぐらいを説明できるかの比率は、二八％、二二％、一一％、七％、五％である。最初の拡大はいまから九五〇〇年前ないし五五〇〇年前と年代づけられる。第二の拡大はそれよりもおそらく後であるが、ウラルからの拡大については考古学的なまた言語学的な情報がきわめて少ない。だが、第二主成分がバスク地域からの中石器時代の後氷期の拡大に影響されているとするのが正しければ、ふたつの成分（ウラルからの拡大とバスクからの拡大）の年代の平均は、農業のひろがりの平均年代と同じであるかもしれない。いずれにしても、第一と第二の主成分の変異の間に大きな差はない。クルガン文化の起源（第三主成分）はそれよりも新しく、さかのぼっても五〇〇〇年前ないし五五〇〇年前に違いない。第四主成分が示唆するギリシア人の移住は、二五〇〇年前ないし四〇〇〇年前だっただろう。したがって、拡大の時代的順序はほぼ主成分の順序に反映されているように見える。バスクの文化に相当する第五主成分についていえば、外からこの地域へのその後の長期にわたる進入による人口の縮小を示す。バスク文化は抵抗したが、徐々に地歩を失った。主成分分析から得た経験によると、同じ現象のひとつの影響が異なる成分においても観察され得る。その点からいうと、第二主成分はそれよりも前の拡大と、また第五成分は外からきた他の集団のために生じた後代の人口縮小と関係づけられるだろう。だが、主成分の順序と時代との間に相関があるにしても、主成分分析は明らかに年代決定の方法ではない。

遺伝子の年代

考古学的な地層が、放射性炭素による年代決定法が登場するまで相対的な年代決定の基準だった。ほぼ主成分分析は考古学的な地層にたとえられる。放射性炭素法は絶対的な年代を決定できる。それは物理的な測定、すなわち炭素一四の放射性崩壊の率で決まる。他の型の炭素（放射性でなく安定な炭素一二や炭素一三）とくらべたときの炭素一四の崩壊率は、温度や他の化学的な物理的な力の影響をまったく受けない。したがって、それは物理的な時計であるが、炭素を充分にふくむ物質でしか使えない。すでに述べたが、この方法にも欠陥がある。というのは、その基本的な想定、大気中の炭素一四の量は過去も一定だったとする想定は、完全に正しくはないからである。とはいえ、その要素は、年輪測定によって補うことができる。

遺伝子の年代決定で似た方法を使うことができるだろうか。ごく最近まで遺伝子の年代決定は較正曲線の使用にたよってきた。地質学的な事象と古生物学的な事象で、年代がわかっているもの、化石記録に認められる生物学的事象と関係づけられるもの（哺乳類の適応放散とか恐竜の絶滅）が、「較正曲線」の設定に使われた。哺乳類の分化や、チンパンジーとヒトとの進化的な枝分かれのような生物学的事象の年代は、たとえばタンパク質の差異の数とか、特定のDNA部分の塩基の差異の数で計測された。そうした差異をそれに対応する事象の年代と結びつけていくことによって較正曲線ができる。この方法でチンパンジーとヒトの枝分かれは約五〇〇万年前と推定された。またミトコンドリアDNAの分析結果を使って、非アフリカ人のアフリカ人からの分離は一四万三〇〇〇年前とはじき出された。だが、この年代はいわゆる「アフリカのイヴ」の誕生の最新の推定値であり、必ずしもアフリカを出たあとの他の大陸への移住の年代とは限らず、それよりも古い共通の祖先の年代である。

遺伝子の年代に絶対年代決定法を導入する試みでは、時計として突然変異率が用いられた。そのひとつの難点は、通常は突然変異率がよくわかっていないことである。もうひとつの難点は、いずれの方法でも他の多くの想定、とくに人口増加率に依存していることである。後者はあまり検定可能でないし検定もされていない。最近導入された方法では、これらの難点を少なくするため、マイクロサテライトと呼ばれる遺伝標識を使う。マイクロサテライトは突然変異率が高く、他の突然変異率とはちがって、より正確に推定されてきた。この方法で得られた最初の推定は、アフリカのイヴについて得られた値と非常に似ていた。だが、いまやわれわれにはこの年代を訂正する理由がある。というのは、その後の観察によってマイクロサテライトの突然変異の過程はかつて想定したよりも複雑なことが示されたからである。複雑さを考慮することで、年代はほぼ半分になった。

かつての推定では、現生人類のひろがりの年代は、一〇万年前ないし二〇万年前と、より古く推定されていたが、拡大に特有なダイナミックスと、それによって生じた大幅な人口増加を考慮していなかった。多くの最近の遺伝子の年代決定によって、アフリカからのひろがりの始まりは五万年前あたりとなった。最初にこの年代を示唆したのは人類学者のリチャード・クラインで、考古学的な研究にもとづくものだった。クラインは、より新しい、より洗練されたオーリニヤック型の石器の重要性を強調する(オーリニヤックは旧石器時代末期の石器が最初に発見された洞窟の所在地にちなむ)。この型の石器が、ネアンデルタール人や、約一〇万年前イスラエルに住んでいた解剖学的に見て現生人類である人々も含む古ホモサピエンスが使っていたムスティエ石器に取って代わった。

スタンフォード大学のピーター・アンダーヒルとピーター・オフナーによって、間もなくY染色体に関するデータが発表される。それからもこの考えが確かめられるだろう。さらにこの考えは他の遺伝子系のデータからも支持されるだろう（Li, J. et al. 1999, Quintana-Murci, L. et al. 1999）。それらによってひろがりに関するわれわれの知見は大いに豊かになるだろう。アフリカで最初の重要な発展は東部と南部で起こった可能性が大きい。そのあとの最初のひろがりはおそらく東アフリカから南アジア、そして東南アジアへと進んだ。そこからひろがりは、南は大洋州へ、北は中国、日本、シベリアへ、最後にアメリカへと向かった。沿岸ルートが非常に重要だったに違いない。東アフリカから北東アフリカへ、そこから中央アフリカや西アフリカへのひろがりがあった。紅海とスエズもアジアへの道筋として多く使われた。中央アジアでかなりの遺伝的変異が生じたのは当然である。というのは、多くの方角からの移住があり、多くの新しいひろがりに寄与したからである。ヨーロッパへの移住は四万年前からはじまった。その起源は多く、モロッコ、チュニジア、中東、トルコ、ウクライナ経由、ウラル山脈越えなどがあった。

第五章　遺伝子と言語

現在も五〇〇〇以上の言語が話されている。そのうちの数言語が何億という人々によって使われているが、ほとんどの言語は分布がごく限られている。話し手が何百人以下の言語は絶滅の危機にさらされる。すでに多くの言語が消滅した。

ある言語が他の言語と密接な関係にあることを知るには、言語学者の世話を要しない。スペイン語と私の母語のイタリア語がその明快な例である。スペイン語国でもポルトガル語国でも私は、大きな困難なしに暮らしていける。だが、語として同じか似ているが、意味が違う語が災いのもとになる。たとえば「ブッロ」はイタリア語でバターだが、スペイン語では驢馬を意味する。「エクイパッジョ」はイタリア語で乗組員であるのに、スペイン語で「エクイパッフェ」は荷物である。イタリア語で「サリレ」は登るだが、スペイン語で「サリル」は出掛けるを意味する。こうした語は「見かけの友達」と呼ばれるが、幸いにしてその数は多くない。イタリア語、フランス語、スペイン語、ルーマニア語などは、共通の源であるラテン語から派生した。同様にしてゲルマン語として、スウエーデン語、ドイツ語、オランダ語、フランドル語、また英語が含まれる。東ヨーロッパのスラブの諸語もまったく似ている。インドで昔使われたサンスクリット語と古代のヨーロッパ諸語とが似ていることは、すでに十八世紀からよく知られていた。

サンスクリット語の研究が、インド・ヨーロッパ語族として知られるようになった諸言語間の関係にたいする最初の言語学的な鍵になった。それ以後、他の多くの語族が認識されてきた（一部の言語学者は語族を語門、ファイラムと呼称する）。植物や動物の分類学者のように、言語学者は言語の関係を示すさまざまな樹を作成してきた。彼らは言語の関係を、生物学での使い方と同じように「ジェネティック」（遺伝的のほかに発生的という意味をもつ）と呼ぶ。だが、言語学者は語族よりも上の関係を再構築する段階で困ってしまった。すべての既存の語族をつなげるひとつの樹となると、われわれはまだ意見が一致しない。事実多くの言語学者は、現代の諸言語の一体性というか多様性の問題には決して答えられないだろうと考えている。その困難は言語の進化の速さにある。

図11は、メリット・ルーレンが最近提案した語族の地理的分布を示す。もっとも不明な言語、オーストラリア先住民とニューギニア人の言語は分類がむずかしい。だが、他の語族についても意見が異なる。過去百年間の歴史言語学は激しい論争が特徴である。アメリカの言語学者の間でもっとも争われたのは、アメリカ先住民の言語の分類だった。

二十世紀の初め言語学者のエドワード・サピアと人類学者のカール・クローバーは、多くのアメリンド（アメリカ先住民）諸語の相似性を認めて、アメリカ先住民の語族は僅か二つか三つしかないと主張した。彼らの仮説は、このようにまとめるのに強く反対するアメリカ言語学界の多数派か

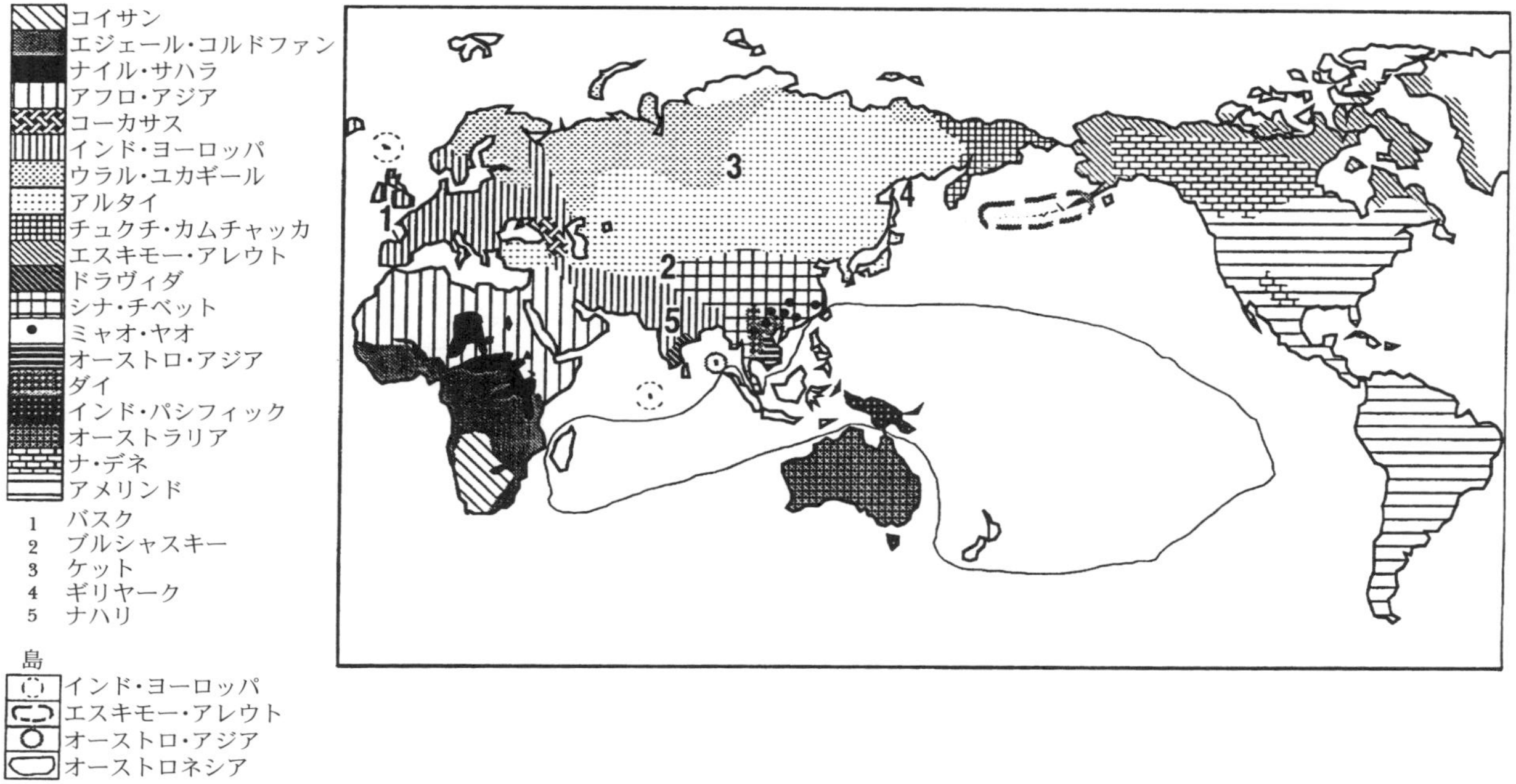

図 11　17の語族の地理的分布といくつかの孤立語が存在する地域〔出典：Ruhlen, 1987, vol. 1〕

ら激しい抵抗をうけた。一九八七年スタンフォード大学のジョゼフ・グリンバーグが『アメリカの言語』を出版すると、新しい論争のサイクルがはじまった。彼はコロンブス前のアメリカ先住民の言語は、つぎの三つの語族、エスキモー・アレウト、ナ・デネ（太平洋側の北西部の諸言語、ナバホやアパッチの言語も含む）、アメリンド（南北アメリカのほとんどの言語がこれに属する）に区分できることを示した。グリンバーグの提案は、アメリカの生物学者のクリスティ・G・ターナーとスティブン・ゼグラの区分とも合致していた。前者は現代のアメリカ先住民の歯と化石の歯を、後者は血液型とタンパク質を調べた。さらに注目すべきことに、これらの三つの語族は、考古学データから示唆される三つの大規模な移住と対応するように思える。最初にアメリンドが、つぎにナ・デネ、最後にエスキモーが移ってきた。アメリンドはアメリカの全域を占めたが、ナ・デネとエスキモーは故郷と同じ極地方にとどまった。われわれも、グリンバーグが言語をもとに認めた三つのグループに遺伝的にも区分できることを見いだした。だが、つぎの点を指摘しておかねばならない。アメリンドは遺伝的にきわめて変化に富み、アメリンド語族のなかのサブグループは遺伝的研究の結果とみごとに合致するわけではない。南ナ・デネ（アッパチとナバホ）は遺伝的には北ナ・デネと似ているが、南の集団は近くのアメリンドの遺伝子も吸収した。

アメリンドたちは、ナ・デネを話す者やエスキモー・アレウトを話す者よりも、より昔に、より複雑な形で、アメリカへ移住してきたように見える。アメリンドの移住は一回ではなかったように思われる。遺伝的データの示すところでは、アメリンドは少なくとも三万年前に到着した。ただしこのデータはもっとも規模が大きかった移住の平均を表しているだけかもしれない。また、Y染色体研究の新しいデータが示唆するように、もし最初のアメリンドの移住が少数の個体によるとする説が正しければ、この年代は古いほうへ偏っているかもしれない。強い創始者効果は、後述する近隣結合法による樹の枝の長さを大きくする傾向があり、したがって遺伝的に計算される最初の移住時期を誇張する傾向がある。

『アメリカの言語』の出版によって、アメリカの言語学者とグリンバーグの説を支持する人類学者との間で新しい論争がはじまった。大勢の言語学者たちが学会を開いて、アメリカ先住民の言語を六〇以下に分類することは認められないと宣言した。分類学者には、「まとめ屋」と「分け屋」がいる。総合の傾向と分析の傾向はおそらく人間精神の基本的二大対立を反映するのだろう。だが、アメリンドの分類の場合、グリンバーグがくわしく論じているように、方法論の差によって論争の大半を説明できる。私は言語学者ではないが、私はグリンバーグの主張がもっとも信頼できることを見いだした。さらにいえば、かつてグリンバーグは同じ経過を経験している。何年も前（一九六三年）、アフリカの言語を僅か四つの語族に分類することを提案し、これはいまでは広く受け入れられている。その四語族とは、アフロ・アジア（すべてのセム語、エチオピアと北アフリカのほとんどの言語）、ナイル・サハラ（ナイル河上流と南サハラの言語）、ニジェール・コルドファン（中央、南、西アフリカの言語、とくにバンツー語）、コイサン（南アフリカのコイコイとサンの言語）である。グリンバーグの分類は最初提唱されたとき批判の一斉攻撃にあったが、それに耐えていまでは広く認められている。時間がたてば、おそらくアメリンドの分類にたいする態度も同じように変わるだろう。

グリンバーグの同僚が彼の分類にたいし提起した反論を吟味することは、言語の進化の研究を悩ます客観的な困難さと、グリンバーグを攻撃する者たちに典型的に見られる主観的な困難さを理解する助けになる。言語は急速に変化するから、離れた言語との間に明確な結びつきをつけるのは非常にむずかしい。すべての言語において、時間の経過とともに音韻的にも意味的にも大きな変化が生ずる。そうした変化が大きいため、言語の共通性を評価し構築するのは複雑で込み入ったことになる。文法も変化するが、普通その変化はゆっくりで、より古い言語的な結びつきを見いだす助けになる。音声学的なまた意味論的な圧力をうけ言語というものは、急速に理解不能、通じなくなる。ラテン語から派生した現代語は二〇〇〇年前のローマ人には理解できないだろう。一〇〇〇年間分離されるだけで、かつての話し手には理解不能になるのに充分である。五〇〇〇年ないし一万年の分離で、似た言葉の理解率は一〇%以下に低下する。ただ幸いなことに、ある種の語とある種の品詞は変化がおそく、より遠い言語関係を見分ける良い機会を与えてくれる。

誤った方法から生じた問題についていえば、グリンバーグに反対の言語学者の一部は、どのふたつの言語の間にも量的な関係は設定できないと考える。彼らは信頼できる計測結果を認めず、ふたつの言語の関係をただ「関係あり、関係なし」に限り、分類の本質的な前提である階層的な分類の可能性を除外してしまった。

興味深いことに、この立場は高度な分析法を使う言語学者の考えと完全に矛盾する。彼らは、共通な起源をもつ標準のリストのなかから得られる幾つかの語をもとに、言語の類似性を計測する。この方法はアメリカの言語学者のモリス・スワデシュによって開発された。ひとつの語が元の意味を失う確率は時間的に一定であると、彼は考えた。判明している時間後になお残っている一連の関連する語の量を計算すれば（たとえばラテン語から現代のロマンス語にいたる変化を観察すれば）、ひとつの「較正」曲線が得られ、それによって二つの現代語が共通の祖先に属していた頃からの経過時間を読み取ることができる。この方法は「グロットクロノロジー（言語年代学）」と呼ばれ、遺伝学のくだりで論じた「分子時計」に非常によく似た「言語時計」を使う。生物学の場合、われわれは多くのタンパク質やDNAの配列を使えるので有利である。それらによって、ふたつの遺伝子の分離の時期について独立の何通りもの推定値を得ることができる。不幸なことに言語学にはこのような多様な豊かなデータが存在せず、われわれの結論を強化してくれない。グロトクロノロジーは生物学の方法にくらべ厳密でなく、同語源の語は一万年以上前となると非常に少ないので、そうした遠く離れた間での比較に応用するのはとくに困難である。語のリストは増加しない。というのは、ごく限られた語だけがゆっくり変化していくからである。また語のそれぞれは独自の変化速度を持つ。この事実をグロットクロノロジーは無視する。というのは変化率一定と想定するからである。

　また別のグループの言語学者たちは、異なる言語の似た語の間の類似性は、厳密な音韻的変化の法則に従う「古い音の対応」と照合することで調べられると主張する。もしその音韻変化の法則に厳密に従っていなければ、ふたつの語は「同語源」とは考えられず、つまり共通の祖先をもつかどうかを定めることはできないと主張する。彼らにたいしグリンバーグは、インド・ヨーロッパ語族などについて一連の例外をつきつけることで答えた。グリンバーグの結論によれば、この法則を厳密にあてはめると、インド・ヨーロッパ語族の成立は不可能になる。だが、音の対応の理論が厳密化される前に、インド・ヨーロッパ語族が提案され、受け入れられていたのは幸いだった。

最後に、一部の言語学者がつぎのように考えていることを述べておかねばならない。ひとつの語族の元、一般的にいえば一連の言語の元になった親の言語は、語族の間の系統的関係を示すように再構成されねばならないと、彼らはいうのである。ここでも生物学がアナロジーを提供する。それは、ふたつの現代の種のDNA配列から「共通」DNA配列が計算されるのに通ずる。共通のDNA配列は、祖先の配列の推定として最良であり、最小の変化によって特定の標本に見られる多様性をもたらす。だが、共通性の探索は言語学ではそれほど厳密には行かない。というのは、DNAは四つのヌクレオチドのみで構成されるのにたいし、言語での変異は生物での変異よりも大幅になるからである。生物では、ある種のタンパク質は生命体にとって非常に重要なので、ほとんど変化が許されない。したがって、タンパク質の配列の多くは変化がきわめておそく、何百万年前とか、何十億年前の祖先の配列を再構成しなくても、その間の関係を証明できる。原言語の知識は比較分析で役立つが、これをすべての言語分類に課することは、原言語が非常に少ない場合、重大な限界をもたらす。さらにいえば、再構成が完全に信頼できる確率は低い。グリンバーグの方法はこの袋小路を避けている。それは主観的かもしれないが、他の方法よりも深く突っ込むことができる。

メリット・ルーレン（グリンバーグの弟子）の語族の分類は、つぎの節で述べるが、遺伝的進化と言語的進化を比較する上で充分だと私には思える。語族を定義するのは必ずしも客観的な仕事とは見えないが、語族（ファミリー）、亜語族（サブファミリー）、大語族（スーパーファミリー）の区別はもっぱら便宜的で、目的によっては不要である。必要なのはひとつの簡単な、論理的な、階層的な関係の設定可能性である。不幸なことに現代の分類のほとんどは語族のレベルにとどまる。ルーレンの統一的な体系では、一七の語族が存在する。いくつかの大語族があるが、すでに見たように現代の言語学の方法では、ひとつの源から発する一本の完全な樹をつくるには至っていない。

幾つかの提案された大語族は、問題をふくむが、それについて考えるのはおもしろい。ルーレンによれば、オーストリックはひとつの大語族で、つぎの四語族を統合する。その第一はミャオ・ヤオである（南中国、北ヴィエトナム、ラオス、タイの飛び地で話される）。第二はオーストロ・アジアである（北インドのムンダー諸語と、ひろく東南アジアで話されるモン・クメール語）である。第三はダイである（ひろく南中国と東南アジアで多く話される）。第四はオーストロネシアである。約一〇〇〇種のオーストロネシア語があり、およそ一億八〇〇〇万の人々が使っている。そのなかには台湾先住民やマライポリネシア人が含まれる。後者は台湾からポリネシア、メラネシアの一部、フィリピン、インドネシア、マレーシア、西ではマダガスカルまでひろがっている。もっとも古いオーストロネシア語は台湾先住民が使っている。この大語族が受け入れられているかどうかは別にして、島をふくむ東南アジア、東南アジアによって分断されたふたつの海洋の多くの島々など、非常に地理的に広い地域を結びつける。

ヨーロッパからアジアにひろがる大語族はとくに興味深い。いまのところこの地域にはふたつの言語区分、ノストラとユーラシアが存在し、両者は互いに密接な関係にある。当初ほんどの言語学者がそれらを斥けたが、徐々に認められつつある。ノストラ大語族はもともとロシアの言語学者た

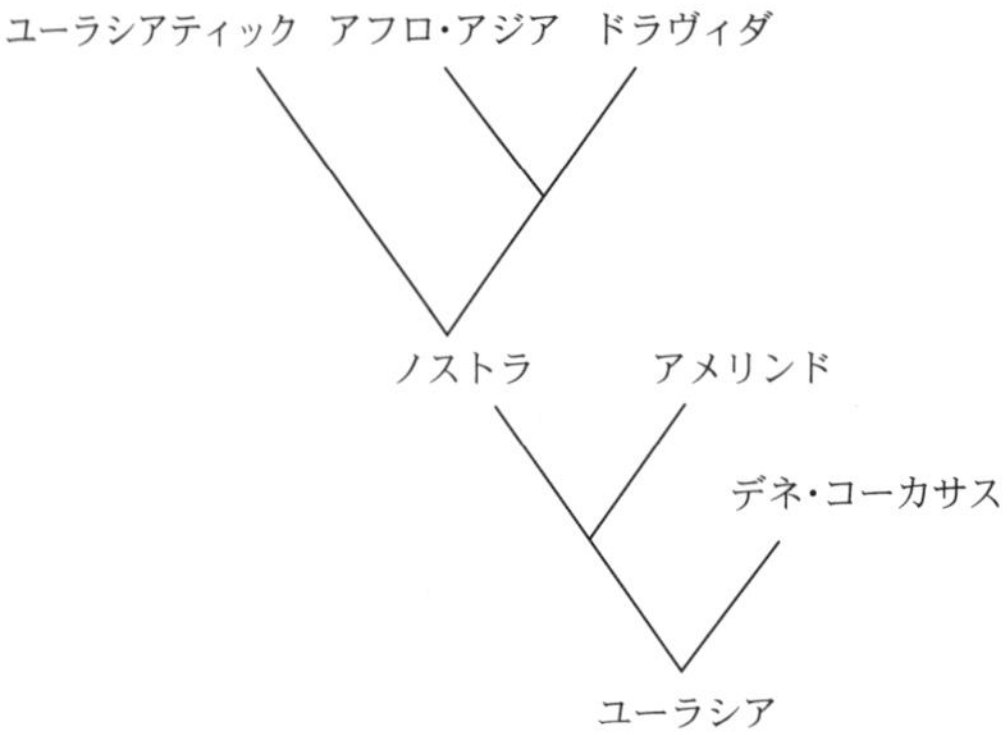

ちが唱えたものだが、インド・ヨーロッパ、ウラル（ウラル山脈をはさんで話される）、アルタイ（広く中央アジアで話される）、アフロ・アジア（多くの北アフリカ諸語とセム諸語）、ドラヴィダ（現在は南インドに限られる）、南コーカサスなどの語族を含む。ロシアの言語学者のヴィタリ・シェヴォロシュキンは、ノストラ大語族は、グリンバーグが定義するアメリンドと強い類似性をもつことを示した。グリンバーグが提唱したユーラシア大語族はノストラ大語族と似ているが、アルタイなどまでひろがる点で異なり、日本語に加え、エスキモーやチュクチのような小語族も含む。したがって、ユーラシアはノストラよりも東へ伸びている。だが、南西へはひろがらず、アフロ・アジアやドラヴィダなどは含まない。グリンバーグはアフロ・アジアやドラヴィダはひとつの古い起源をもつとする。

　こうした樹にさらにより古い枝を加えることで、一方のノストラ／アメリンドのグループ、他方のデネ・コーカサスにたどりつく。この新しい区分はサピアが始め、数年前にセルゲイ・スタロスティンによって公式に提唱された。デネ・コーカサス大語族は北コーカサス、ナ・デネ、シナ・チベットの三語族を含む。シナ・チベットは（中国、インド、ネパール、ビルマ、東南アジア、ヨーロパと西アフリカの飛び地で）約一〇億人が話すので、世界でもっとも使用人数の多い語族である。

こうして前ページのような略図を描くことができる。この諸大語族の階層構造には、ヨーロッパのほとんど、北アフリカ、アジアのほとんど、アメリカのすべてが含まれる。漏れているのは、三つのアフリカの語族のコイサン、ニジェール・コルドファン、ナイル・サハラと、オーストラリア（一七〇言語）、インド・パシフィック（七〇〇言語、ニューギニアとその近くの島々、マレーシアの近くのアンダマン諸島で話される）などだけである。

だが、孤立語（アイソレイト）と呼ばれる一群の言語が存在する。ほとんどの言語学者がほぼ確立された語族にどれも分類できないとする。そのなかでもっとも有名なのはバスク語である。それはフランス側で一万二〇〇〇人が、スペイン側ではおそらく一五〇万人が使っている。この言語は新石器時代以前の遺物で、ヨーロッパに現れた最初の現代人類であるクロマニヨン人の言語と関係があると思われている。もちろんそれは大幅に変化しており、現代のバスク人とクロマニヨン人は、出会う機会があったとしても、意思を疎通させることはできない。互いの言語が関係していることもおそらく認めないだろう。数人の言語学者が、バスク語と現在の北コーカサスの言語との関係を示唆している。したがって、旧石器時代のヨーロッパではひとつ、あるいはひとつ以上の前インド・ヨーロッパ語が話されていた可能性があることになる。他の言語学者のなかには、バスク、コーカサス、シナ・チベット、ナ・デネの間にすら類似性を見る者もいる。ナ・デネは北アメリカの北西部で話される。また別の学者は、ヒマラヤの峡谷で話される孤立語のブルシャスキーがバスクやコーカサスと関係があると主張している。さらに別の学者は、シュメール、エトルリア、そして他の言語「化石」は同じ古い語族のデネ・コーカサスに属するとする。もしノストラ／アメリンドのグループにデネ・コーカサスのグループを加えて、仮説上のユーラシア大語族をつくるならば、それは全ヨーロッパから（東南アジアを除く）アジア、そして南北アメリカまでひろがることになる。この巨大な大語族がその後に数本の枝に分化して、この樹の小枝が栄え、遠く広く伸びていったことになる。

これらは興味深く有望な仮説であり、さらに研究する必要がある。しっかりした基盤に立とうとするのであれば、現在のすべての言語をつなぐ信頼できる樹に単に欠けているという以上に、事態は思わしくない。というのは、すべての言語が共通の起源を共有するということすら確かではないからである。ほとんどの言語学者が両方の問題はともに解決不能と考えている。地球上のすべての生命体がひとつの起源から発していることを確定しようとするのと、やや似ている（生物学者の多くは起源はひとつと信じている。タンパク質には二〇通りのアミノ酸しかないのがその理由である）。グリンバーグが見るところでは、すべての語族に共通な語が少なくともひとつは存在する。それは語幹のティク（tik）である。それが意味するのは指、あるいは数の一である（指から一への意味変化は説明を要しないだろう）。さまざまな言語でこの語幹は、「手、腕、指し示す」などと別の意味変化を起こしたが、どれも納得できる。指を意味するフランス語のドワやイタリア語のディトはラテン語のディジットからきた。

こうした例を延長してアメリカの言語学者のジョン・D・ベングストンは、ルーレンとともに、ほぼ普遍的な約三〇の語幹を摘出した。この新しい知見を吟味し受け入れるには長い時間を要するだろう。想像されるように、ほとんどの言語に共通な語幹はごく僅かしか存在しない。その多くは、体の部分、人称代名詞、あるいは（一、二、三といった）小さな数を指示する。言語の多様化の最初期以来保存されてきた語が、目、鼻、口など、われわれが最初に学ぶ語であるのは当然である。それ以外に、旧石器時代の暮らしで確かに重要で、多くの言語で保存されてきた語もある。その一例は「シラミ（lice)」である。

語族と遺伝の樹の比較

ひとつの包括的な言語の樹はないが、遺伝の樹と言語の樹とを比較できる。そこには印象的な類似性が存在する。

図12では、語族の隣にそれを話す集団が示されている。ひとつの語族が遺伝の樹のひとつ、あるいはそれ以上の枝と対応している。この遺伝-言語の結合樹では、ひとつの語族がひとつの枝で表されている場合がある。というのは、それらの言語を話す諸集団は遺伝的分析で一緒のグループに入れられているからである。事実、それらの集団は、遺伝学的にあるいは民族学的に非常に似ていて、互いに近くで暮らしている。その一例はニジェール・コルドファンに属するバンツー亜族で、遺伝的に均質的であり、他のアフリカの諸グループとは別である。バンツーという言葉はひとつの言語グループを指示するが、生物学でのカテゴリーとしても役立っている。他の遺伝的グループにおい

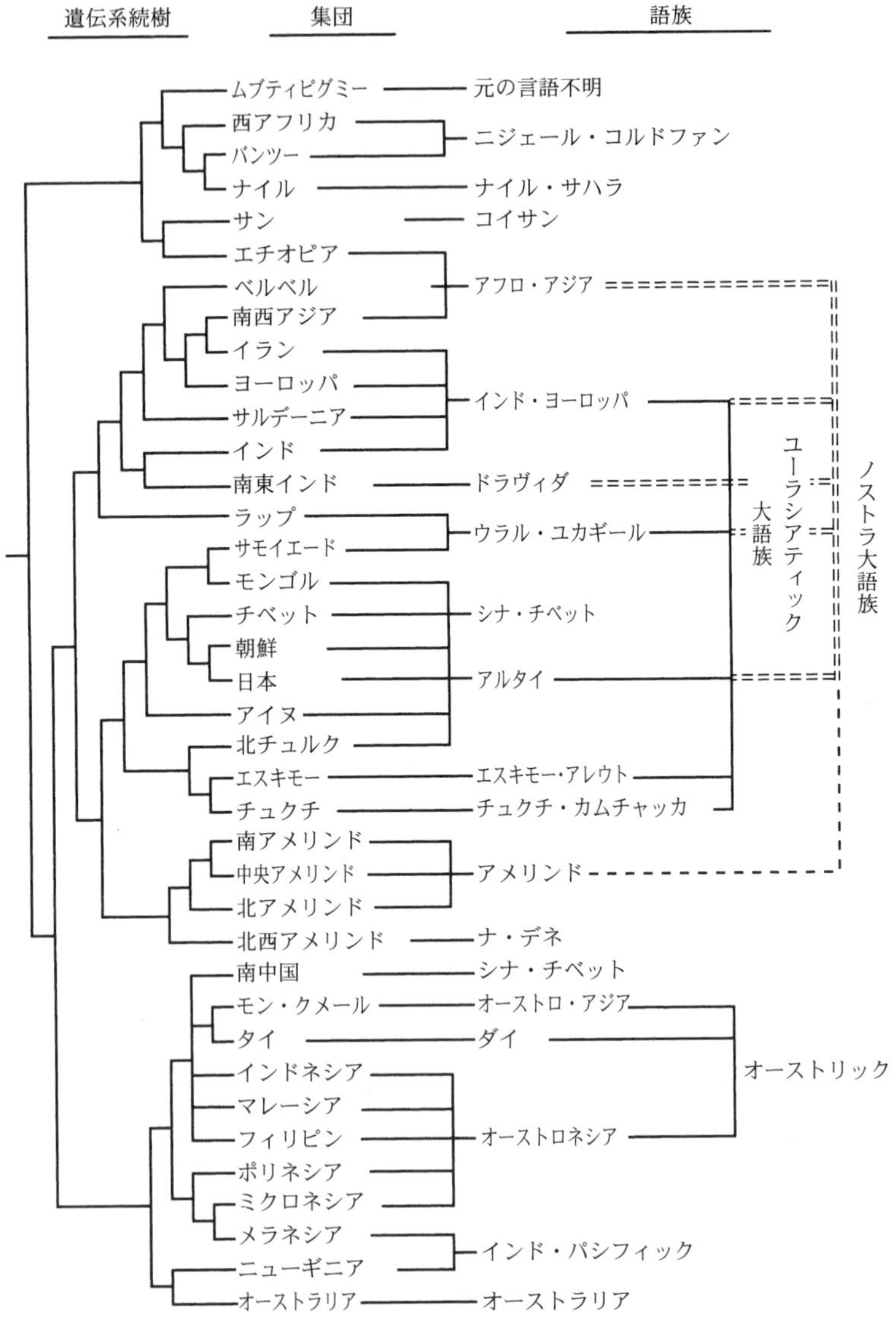

図 12　遺伝と言語の系統樹の比較〔出典：Cavalli-Sforza et al. 1988, pp. 6002-6〕

ても、言語の情報によって確証が与えられる。たとえば、南インドの人々はドラヴィダを、ナ・デネの人々はアメリカ先住民言語を話す。語族としての共通性が共通の遺伝的な民族的な背景を示すことが多い。

図12の遺伝の樹は三八の集団から成り立つ。そのうちの幾つかは基準が広い（たとえばヨーロッパやメラネシア）。それにたいし語族は一六しかない（この樹の作成時点ではコーカサス集団の遺伝的データがなかった）。したがって、遺伝の樹のなかの幾つかの集団は同じ語族に属させるしかなかった。すぐ気づくように、遺伝の樹で近い集団は同じ語族の言語を話すのが普通である。この結果からわれわれは、遺伝の樹の助けをかりて、語族の起源のおよその時期を定めることができる。ほとんどの語族が、六〇〇〇年前から二万五〇〇〇年前という短い間に分化したように思われる。

だが、関係のある言語を話す集団が遺伝の樹で近いという傾向には例外が存在する。たとえばエチオピア人は遺伝的にはアフリカの枝の一部を構成するが、一般的に彼らはアフロ・アジア語族に属する言語を話す。アフロ・アジア語族は北アフリカから中東にかけて広くひろがり、そこに暮らす人々は一般的にコーカソイドである。事実エチオピア人は遺伝的にはコーカソイドよりもアフリカ的であり、言語的には他のアフリカ人よりもコーカソイド的である。もうひとつの例外はサーミ（ラップ）人で、遺伝的にはコーカソイドだが、ウラル系の言語を話す。ウラル系の言語を話す代表は、ウラル山脈に近いヨーロッパ・ロシアの北東部と北西シベリアに住んでいる。アジアのウラル系言語の使用者は普通モンゴロイドである。したがって、ラップ人は（スカンディナヴィアからの）コーカソイドと（シベリア起源の）モンゴロイドの混血で、前者が優勢を占める。彼らの遺伝子を調べなくても、彼らの髪や皮膚の色、目の色と形にそれを見ることができる。その型はモンゴロイドからコーカソイドにいたる変化を示す。

こうした遺伝的分類と言語的分類の不一致は簡単に説明される。すでに説明したようにこれらふたつの集団は、遺伝的には比較的最近の混合によるものである。ラップ人はヨーロッパ人とシベリア人の、エチオピア人はアフリカ人とアラブ人の混合による。遺伝の樹でこれらの集団は遺伝子により大きく寄与したグループと一緒に分類されている。混合がさらに長く続けば、彼らは樹のなかでより孤立した中間的な位置を占めるようになるだろう。集団の混合の遺伝的影響は、言語の変化よりもはるかに単純で予測しやすい。混合された集団の遺伝子は、祖先の集団の比率に対応した比率で生ずる。だが、遺伝的に混合された集団は元のふたつの言語のうちの一方しか保存しない傾向がある。また混合した集団の言語がまったく変わらない場合もある。だが、しばしば他の言語から借用した語や発音にお目にかかる。語彙よりも文法のほうが変化にたいする抵抗力が強い。エチオピア人やラップ人をもたらした混合の起源についていえば、紀元前の一〇〇〇年間のエチオピアにおけるアラブ人とアフリカ人の親密な接触が知られている。アラブ-エチオピアの王国が、最初は首都をアラビア（サバ地方）に置いたが、その後エチオピア北部（アクスム）に移した。だが、それよりも前から接触していたかもしれないが、あまりにも昔のことで歴史に残っていないのかもしれない。他方ラップ人は、少なくともこの二〇〇〇年間現在の領域に住んでいたことが知られている。どちらの場合も書かれた記録の不足のため、どれほど昔に接触がはじまったかを知るには限界がある。どちらの場合も、遺伝子の混合の度合いは、ふたつの集団の接触の量と形態に依存して変化する。

近くの集団から一世代当たりつねに五％の遺伝流を受けると、三世代後には元のゲノムは七〇％になることが簡単に計算できる。これがアフリカ系アメリカ人の混合の平均値である。彼らは元のゲノムの七〇％を持ち、三〇％をもっぱら白人移住者から受けている。同じ速度でこの流入がつづくと、アメリカに一〇〇〇年間居住するとアフリカ系アメリカ人の元の遺伝子は一〇％程度になるだろう。ラップ人やエチオピア人の場合、彼らの親の集団は長期（おそらく数千年間）にわたって相互に接触し、混合の度合いもアフリカ系アメリカ人について観察されるよりも大きかった。それにたいしアフリカ系アメリカ人の場合、白人との接触ははるかに短期間であり、しかも社会的に非常に劣悪な条件下に置かれてきた。

遺伝の樹と言語の樹における精確な対応については、ほかにも興味深い例外がある。遺伝的にチベット人は北モンゴルのグループに属するが、彼らは中国語に似たシナ・チベット言語を話す。われわれの樹で中国語は南中国起源であるが、遺伝的には南モンゴルにより似ている。これらの場合も歴史が助けてくれる。中国の歴史家によると、チベット人は北中国人と関係がある。紀元前三世紀から北中国を出て遊牧民は南をめざしチベットに到達した。彼らのほとんどは移住後も元の言語を保っていた。紀元前三世紀頃に、短命だったが、秦王朝によって中国の統一が始まり、統一は漢王朝によって完了し、漢の治世はその後四〇〇年間つづいた。このふたつの北方の王朝によって、彼らの言語が北中国から全中国へとひろがった。そのあと二〇〇〇年間にその言語が、当然ながら数通りに分化した。それにもかかわらず非常に多くの少数民族（公認は五五、中国全人口の約一〇

%を占める）が、とくに南中国で、元の言語と遺伝子を保ち、起源を異にすることを示している。中国人の多数（ほぼ九〇%）は漢と自称するが、元の遺伝子の北起源と南起源の差異をいまも見てはっきりわかるように残している。したがって、南に住むが、チベット人が北中国の遺伝子をもっているのは驚くに当たらない。それに反し南の中国人は遺伝的には東南アジア人により似ている。だが、彼らのすべては北方起源のシナ・チベット諸語を話す。

図12の樹でノストラとユーラシアティックの大語族は、最右端の言語族として示されている。わずかな例外があるが、両者は、コーカソイド、北モンゴル人、アメリカ先住民を統一する北ユーラシア人（ここではそのように標識されていないが）と呼ばれてきた遺伝子の枝に対応する。この枝は第二の分裂の近くから発する。その時点で、非アフリカ人が東南アジア人（オーストラリア先住民とニューギニア人を含む）と北ユーラシア人に分裂した。この対応でもっとも重要な例外は、シナ・チベット語を話すふたつの集団、チベット人と中国人である。それぞれの遺伝と言語の関連が図のなかでひとつにはならない。両者ともにシナ・チベット語を話すが、遺伝的にチベット人は北ユーラシア人につながり、中国人は南アジア人につながる。だが、いま説明したように、不一致は表面的であるにすぎない。というのは、われわれの樹で示される中国人は南を起源とし、この二〇〇〇年間ほど現在の言語を採用しただけで、遺伝的にはオーストリック語を話す東南アジアに住む人々とより近い関係にあり、遺伝の樹で両者は同じグループに区分される。

図12には、もうひとつの遺伝の樹と言語の食い違いが示されている。それは（ニューギニアに近い太平洋の島々の）メラネシア人が遺伝的には東南アジア人に近いのに、言語的にはインド・パシ

フィック語族に位置づけられている点である。これは完全に正しいわけではない。というのは、メラネシア（ニューギニアの沿岸地帯も含む）で話される言語は、部分的にオーストロネシアであり、また非オーストロネシアだからである。後者は主としてインド・パシフィックであり、それは非常に雑多な語族である。実際には、メラネシアの状態は不一致というよりも、例外的に複雑な状態であり、数回の移住の重畳によって生じたのであって、詳しい分析によって解明されるだろう。

図12の遺伝の樹には幾つかの欠陥がある。それについて以下で論ずる。起源を異にする集団の混合の頻度と関係が複雑なので、もっと詳しい表し方を必要とする。一九八八年にわれわれが発表した樹（図12）が示すところによれば、（アフリカ人から非アフリカ人を分離した）最初の分裂のあと、第二の分岐によって、ユーラシア人とアメリカ先住民のグループが、大洋州人（オーストラリア先住民とニューギニア人）と東南アジア人のグループから分離した。一九九四年になって新しい遺伝情報によって、第二の分岐において大洋州人が他のすべてから分離したことが示された。その結果、実は東南アジア人は第三の分岐でユーラシア人から分離したことになった。その点がまだ不確定なのは、おそらく東南アジアと他のアジアとの間の混合のためだろう。東南アジアについて適切なデータが不足しているため、この問題はまだ未解決である。

それら以外に、別の困難が加わった。というのは、一九八七年に斉藤成也と根井正利が開発し有名になった「近隣結合法」によって、図12とやや異なる遺伝の樹がつくられたからである。近隣結合法によればヨーロッパ人は、樹の中央の近くの短い枝につけられ、アフリカ人とアジア人の中間に位置づけられる。その説明理由は、ヨーロッパ人は遺伝子の一部をアジアから、ごく一部をアフリカから受けたからというのである。近隣結合法を使うと、集団の混合により、混合のあった枝が短くなり、樹の根のほうに近づけることになる。樹のつくり方の差異による不一致は主として集団の混合によるものと私は考える。

北アジア人とアフリカ人の混合がヨーロッパ人の構成に貢献した。ヨーロッパ人の遺伝形質のうちの数点はこのふたつの親集団の中間にある。おそらくアフリカは、中東をふくむ多くの異なる経路を通じて遺伝子をヨーロッパに与えたのだろう。中東は海をこえなくてもアフリカからもアジアからも到達できるので、四万年前に現生人類のヨーロッパ進出の出発点になった可能性がある。新石器人は一万年前に中東からきた。だが、われわれは現生人類が北西アジアからヨーロッパへ入った可能性も排除できない。この説によって、数人の言語学者が主張する関係、すなわちヨーロッパの西端で話されるバスク語とデネ・コーカサス諸語の間の関係が説明できるかもしれない。太古の関係の証拠が残ったのは地理的な避難所のためだろう。とくに山脈が昔の言語と集団を守ったのである。

かなりの数の標識を用いて遺伝の樹をつくると、バスク人は、調べた他の四つのパキスタンの集団よりも、(ブルシャスキー語を話す)フンザの集団により似ている。この成果はカシム・メディ博士たちによってパキスタンですすめられた素晴らしい研究によるが、より多くの個体と標識によって確認する必要がある。そのときまではこれがバスクとフンザの関係を遺伝的に示唆した最初になるが、それとは独立に両者の間には言語的にも、遠いが、類似性のあることが提唱されている。

生物的進化と言語的進化の類似性はなぜ存在するか

遺伝子の進化と言語の進化との間には重要な類似性が存在する。どちらにおいても、最初ひとつの個体に現れた変化が、集団全体にその後ひろがることができる。遺伝子では、それらの変化は突然変異と呼ばれ、ひとつの世代からつぎの世代へと渡され、多くの世代を経て頻度を増し、ついには祖先の型に完全に取って代わってしまう。ゲノムは外部の影響から護られ保存される。遺伝子の突然変異は稀であり、個人から個人への伝達は親子の間に限られる。それに反し言語の変化ははるかに頻繁で、無関係な個人の間でも伝達され得る。そのため言語の変化は遺伝子の場合よりも速い。事実、ひとつの語が一〇〇〇年間変化に耐えられるとすれば、ひとつの遺伝子は一〇〇〇万年、いや一〇億年もほとんど不変のまま保たれる。そうした差異にもかかわらず、ふたつの理由から遺伝子と言語の体系の進化には重要な類似性が予想される。

つぎの点を強調することから始めたい。遺伝子の影響で、ある言語を話す能力が左右されると考える理由はない。もしそうした差異があったとしても、それは実に小さいに違いない。現生人類はどんな言語でも習得する能力をもち、最初に習得する言語は生まれた時期と場所で定まる。どの現代言語も構造の複雑さは同じレベルである。経済的に原始的なレベルで暮らす民族グループが豊かなグループよりもプリミティヴな言語を話しているわけではない。遺伝子と言語の間に何か相互作用があるとすれば、遺伝子に影響するのは言語である。というのは、集団間の言語の相違は双方の間の遺伝子交換の機会を減らすからである。

つぎの章でもっと全般的に論ずるが、言語の進化は特殊な型の文化の進化にほかならない。この遺伝子と言語のふたつの非常に異なるシステムが、並行的な進化の軌跡をいかにしてたどることができるのか。どのようにしてふたつは共進化するのか。その説明はまったく単純である。つまり、ふたつの孤立した集団は、遺伝的にまた言語的に分化するからである。孤立は、地理的、環境的、あるいは社会的な障壁によって生じ、集団間の結婚の可能性を低くし、その結果として孤立した集団は相互に独立に進化して、次第に異なっていく。相互に孤立した集団での遺伝子の分化はゆっくりだが、長期にわたって規則的に起こる。同じようなことが言語でも起こると予想できる。孤立によって文化的交換が減少し、ふたつの言語は別々に浮動する。グロトクロノロジー（言語年代学）による分離の時期の推定が必ずしもわれわれが期待するほど精確でなくても、一般的に言語は時間とともに分化の度合を増す。そのため原理的に人類集団の遺伝の樹と言語の樹は当然合致する。というのは、双方ともに分岐し独立に進化していく集団の同じ歴史を反映するからである。

とはいえ、遺伝と言語の樹にずれを起こす原因が幾つか存在する。短期間にひとつの言語が別の言語に取って代わられることがあり得る。たとえばヨーロッパでは、ハンガリア語は、地理的にはスラヴ、ゲルマン、ロマンスなど多くのインド・ヨーロッパ語の枝の真ん中で話されるが、ウラル語のフィン・ウゴルの枝に属する。別の言語だが、同じ語族の言語がヨーロッパの北東部とシベリアの西で話されている。紀元九世紀の末に遊牧のマジャール人がロシアを離れ、カルパチア山脈をこえ、すでにアヴァール人が占めていたハンガリアに進入した。征服によってマジャール人の王朝がつくられ、その地域のロマンス語を話す集団にハンガリア語を押しつけた。征服者の数は少なくなかったが、集団の多数を構成するほどではなかった。おそらく全体の三〇％以下だった。したがって、この征服による遺伝的影響は軽く、その後の近くの国々との交換によってさらに薄められた。現在ハンガリアの遺伝子の僅か一〇％がウラル語系の征服者に帰せられるにすぎない。

他方、ローマ帝国の崩壊後の蛮族の征服では、被征服者の言語に取って代わる、あるいはそれを変えるには大きな困難があった。というのは、被征服者のほうが侵入者よりもつねに数が多かったからである。前の住民が社会経済的により高度の組織をもち、彼らの文化的アイデンティティを保持できた。おそらくロンバルジア人の起源はスウェーデンか北ドイツだったが、紀元六世紀の中頃にイタリア征服をはじめた。オーストリアあるいはハンガリアから進軍してきた約三万五〇〇〇の戦士がたちまちイタリアの大半を占領した。それをまぬがれたのはごく南部のみで、強力な国家をつくり、八世紀までつづいた。それでも地域の言語には大きな変化を与えなかった。それはフランク人でも同じだった。彼らはゲルマンのひとつの集団でフランスの政治史で重要な役を果たしたが、言語には影響を及ぼさなかった。だが、ローマ帝国崩壊のあとのイギリスでは、ゲルマン起源のローマ帝国の傭兵だったアングロサクソン人が、六世紀頃に政治的支配を樹立した後、自分たちの言語を押しつけるのに成功した。イギリス諸島では非常に短期間に劇的な言語変化が見られた。土着の集団は、いまでは不明の前インド・ヨーロッパ語を話していた。紀元前の一〇〇〇年間にケルト諸語がヨーロッパ中にひろがった。それが始まった中心は、オーストリアとスイスの中間だったと思われる。ローマ帝国が征服したときケルト語がイギリスのほとんどの島々で話されていた。ローマ人がラテン語を課し、そのあとアングロサクソン語が採用された。一〇六六年のノーマン・コンクエスト（ノルマン人による征服）により、最後に多くのフランス語が持ち込まれた。

もうひとつ別の重要な入れ替えが、トルコ人がビザンチン帝国攻撃をはじめた十一世紀の末トルコで起こった。トルコ人はコンスタンチノプル（いまのイスタンブール）を一四五三年に占領した。ギリシア語がトルコ語に取って代わられたのはとくに重大だった。トルコ語がアルタイ語という別の語族に属していたからである。トルコでも侵入の遺伝への影響は軽微だった。トルコ軍の兵士の数は少なく、家族をともなっていたこともあるが、侵入した集団は征服された集団よりも小さく、征服されたほうが長い文明と経済的にも進んだ歴史をもっていた。だが、何世代にもわたりローマ帝国の保護をうけてきたため、旧居住者は自己満足し、危険な侵入者にたいする抵抗能力を失っていた。

一般的にいって、バスクやブルシャスキーのような言語の生き残りはレフジア（避難圏、山岳地帯のような孤立した場所——侵入者を防ぐ）で起こりやすい。また強力な社会的アイデンティティも集団の言語を保つのを助ける。

言語の入れ替わりの例はヨーロッパだけに限らないが、ヨーロッパは記述された歴史が長いので、新しく起こった入れ替えがよそでは見られないほど克明に記録されている。アーリア人のイラン、パキスタン、インドへの進攻によって、ドラヴィダ語を話す地域にインド・ヨーロッパ語が持ち込まれた。航海術にたけていたマライ・ポリネシア人の地理的発見によって、彼らのオーストロネシア諸語が、ニューギニアの一部、メラネシア、ミクロネシア、ポリネシアへひろがった。西方へは、オーストロネシア語はアフリカに近いマダガスカルまでひろがった。ポリネシア人の移住は、メラネシアやニューギニアではすでに先住民がいたので、遺伝的影響は少なかった。メラネシアの遺伝子と言語は、異なる集団の移住と混合の五〇〇〇〇年に及ぶ歴史を反映し、モザイクのように複雑である。約三〇〇〇年前、最後のオーストロネシア人の移住者がメラネシアと中央ポリネシアを通って、東ポリネシアに到着したが、まだメラネシア人と混合していなかったので、その頃の彼らの外見はモンゴロイドそのままだった。

ところで、トール・ヘイエルダールがコンティキ号による航海で示唆した、南アメリカ先住民の東ポリネシアへの寄与の可能性は、遺伝的見地からまだ除外できない。このことを知って探検家たちは喜ぶだろう。モンゴロイドとアメリンド人（アメリカ先住民）との遺伝的差異が不充分なため、南アメリカ先住民がポリネシアに寄与したかどうか、またいかにしてそれが生じたかを断言できないのである。最近発見されたアメリンド人の遺伝標識によって、これらの問題により明快な答が与えられるだろう。

新来者の強力な政治組織の圧力のもとで、言語の完全な入れ替えが容易に起こる。その証拠が南北のアメリカである。そうでない場合、近隣の遺伝子が部分的に、あるいはかなり入れ替わっても、近くの国々で話されていた別々の言語が、何千年も比較的影響をうけずに保たれ得る。近隣の集団との混合でバスクのゲノムで生じた入れ替えの程度を量的に把握するのはむずかしいが、かなりのものだっただろう。バスク人が近隣からの遺伝流にさらされた時間の長さを前提すると、とくにこの地に約五〇〇〇年前に到着したバスクの農民たちの場合、時間当たりの遺伝流は小さかった。おそらく一世代当たり混合結婚は一〇〇〇分の一ないし二であっただろう。それとは対照的におそらくハズダとサンダウでは、言語の入れ替えなしに、ほとんど完全な遺伝子の入れ替えが起こった。これらのタンザニアからのふたつの集団はコイサン諸語を話すが、彼らの遺伝子は南アフリカのコイサン人とは異なる。両グループともに小さく、長い間バンツー人の間で暮らしていたに違いない。おそらく二〇〇〇年前にバンツー人がこの辺りに到着した。第三の集団から孤立した集団が、一世代当たり五％の遺伝流を一〇〇〇年間うけると、集団の元の遺伝子の八七％の入れ替わりが起こり得る。二〇〇〇年間つづくと九八％が入れ替わる。ハズダとサンダウは狩猟採取者だったから、社会経済的な要素によってバンツー農民から離れて暮らし、自分たちの言語を保存できたが、バンツー人との遺伝子の交換は免れ得なかった。だが、これとは反対の仮説を除外するのもむずかしいことを認めねばならない。ハズダもサンダウももともとの非コイサン的遺伝子を基本的に保持したまま、コイサンを話す集団とかつて接触したため、自分たちの言語をコイサンへ変えた。そのあとコイサン人が南下したので、接触が断たれてしまった。これが反対の仮説である。遺伝子はほとんど入れ替わらず言語のみが入れ替わった例は、大航海時代のあとのヨーロッパ人たちの進出に多く見られ、最終的に進出者の言語が採用された。その逆も起こった。フィンランド人はウラル系の言語を話すが、おそらく彼らの遺伝子のうちウラルのものは一〇％にとどまるだろう（この推定の基礎になった標識よりも強力なものによって確認する必要がある）。そもそも彼らがフィンランドに移ってきたとき、バルト・スラヴ系の言語を話していた可能性もある。そこは広大なところだったから、ウラル系の言語を話す狩猟採取者ないし遊牧者が――いまもフィンランドの北部に住むサーミ人におそらく近い者たちが、人口密度が低い状態で暮らしていた。すでに述べたように、遺伝的な証拠からして、約二〇〇〇年前にフィンランドに移ってきた農業者たちは、おそらく一〇〇〇人といったごく小さな集団だった。このことは遺伝浮動、とくに遺伝病に関する強力な証拠から推定される。おそらく新しい入植者がかなりの数の先住民に加わり、平和的に接触することでひろがった。この過程は先住民の言語を学ぶことで促進され、最後にはそれを採用した。だが、遺伝子の交換はほとんどなかった。そういうことも非常にあり得る。

要約すると、言語の入れ替わりだけが、遺伝的進化と言語的進化の間の並行関係を乱す力ではなかったのである。近隣からの小集団への遺伝流による遺伝子の変化もまたもうひとつの要因だった。より深い分析、とくに歴史からの情報の助けによって、さまざまな説明を区別することができる。遺伝的なまた言語的な入れ替わりがあるにもかかわらず、現在の言語的な遺伝的なごちゃまぜのなかから、一貫性を見いだし、遺伝と言語のふたつの道筋にたいし一本の共通の樹を再現できるのは、実にめざましい限りである。だが、伝統的な言語の消失は抗しがたい大きな痛手であり、消失率が最近高くなってきたため、数世代のうちにこのような研究調査は不可能になるだろう。

アジアでの人類の展開

すでに見たように、遺伝の樹から判断して、語族の大半は六〇〇〇年前から二万五〇〇〇年前の間のどの時点かで出現した。それより古い語族もある。移住の時期からして、ニューギニア人とオーストラリア先住民のインド・パシフィック諸語は、四万年よりも古いかもしれない。この場合の語族の決定には、ふたつの地域が島と別の大陸というように地理的に隔離されていたことが、大いに関係している。

コイサン諸語も、その特徴が独特であるのを前提すると(たとえば舌打ち音の存在)、非常に古いに違いない。だが、どれほど古いかを知るのは困難である。コイサン人の祖先がアフリカからアジアへの最初のひろがりを起こしたとしても、私は驚かない。この驚くべき、刺激的な仮説には、コイサン諸語が古いというだけでなく、他にもいくつかの支持資料が存在する。一部の人類学者によると、いま南アフリカに住むコイサン人は、かつてはもっと北に、東アフリカに、もしかすると北東アフリカに住んでいたという。それが五万年ないし八万年前だとすると、彼らがアジアへ展開する最良の位置にいたことになる。第三章の図3で見たように、すべてのアフリカ人のなかで、確かに東アフリカ人がもっともアジア人に似ている。その点はこの説の助けになるが、それはより新しい東アフリカとアラビアとの間の移住、より新しくは双方向に生じた移住のためかもしれない。またコイサン人は東アジア人と、長細い目と大きな丸い頭など、身体的に似ていることにも注目すべきである。彼らは西アジア人と著しく遺伝的に似ている(顔が表面的に似ているにもかかわらず、東アジア人とは似ていない)。すでにこの本を書いている時点で、Y染色体の研究における大きなブレークスルーによって、この問題にたいして期待されていた答が得られるように思われる。

そこでそれと並行して、つぎのことを考えてみたい。世界の他の地域について遺伝と言語のデータを検討することで、最古のひろがりが浮き彫りになるのではないかというわけである。現生人類がアジアに到達した直後に、アジアで大規模な人口増加と移住があったのは明らかである。アジアの諸主成分は、幾つかの地域が人口増加の中心だったことを示している。五つの主成分がつぎの順序で導き出される。

(一) イランの北西部、カスピ海の南、西はイラクに境し、北東はトルクメンに境する地域。
(二) 東南アジア。
(三) 日本海を取り巻く地域、日本、朝鮮、中国の東北。
(四) インドの北部。
(五) 中央アジア。

また最初の主成分の遺伝子の傾斜が東部と西部の間に延びていることも注目される。それが生じたのは、東方と西方への数度にわたる移住のためである。このことは歴史に多く示されている。それ以前にも似たことが多く起こったに違いない。さらにY染色体分析が示すところによれば、アジアでは数度にわたる人口増加があり、その結果として三つの大陸、すなわち大洋州、ヨーロッパ、アメリカへと、この順序で移住が始まった。これによって主要な移動経路についての考えが得られる。だが、まだそのデータは欲しいと思うほどの精密さに欠ける。最近のリ・ジンたちの研究（Li Jin et al. 1999）——Y染色体と、二一番染色体の狭い変化しやすい部分の比較——によって、アフリカからアジアへ大規模な移住が一回以上あったことが判明した。古い移住についてはとくにY染色体が情報を与えてくれる。それを示すのがピーター・アンダーヒルとピーター・オフナーの最近の研究で、遺伝子の変異を見つけるDHPLCと呼ばれる新しい方法を用いた。この本を書く時点では、Y染色体で一六五の変異が発見された。それらは一〇の大きなグループに区分できる（IからXまで番号がつけられ、ハプログループと呼ばれる）。最初の三つがもっとも古く、アフリカ起源である。だがIIIはアフリカからアジアへ移住した。他の七つ、IVからXまではアジア起源で、そのうちの数個が大洋州、ヨーロッパ、あるいはアメリカで見いだされる。またそれらは主成分が示す人口増加の中心とも対応する。VIとIXはカスピ海の南に対応する。このふたつのハプログループは中東全体を含み、時期を異にする数通りの人口増加の中心の積み重なりである。その人口増加の中心には、北アフリカからの、また北アフリカへの初期のひろがり、そして農業の発展が含まれる。VIIとVIIIは東南アジアの中心に対応する。IVは日本海周辺からのひろがり、Vは北インドからのひろがりに対応する。中央アジアからのひろがりはVの後代の枝分かれに対応するのだろう。また、いまの段階では仮にではあるが、言語の族あるいは大語族を各拡大中心にあてはめることができるだろう。すなわち、グリンバーグのユーラシアティックを南カスピ海沿岸に、オーストリックを東南アジアに、デネ・コーカサスを第三の主成分である日本海沿岸から中国東北部に割り当てることが可能である。

ドラヴィダ諸語の起源の中心はインド西半分のどこかだろう。あるいはカスピ海の南か（第一主成分の中心）、（第四主成分が示す）北インドであるかもしれない。ドラヴィダ語族は北インドではかつてはさらに点状に散在し、南パキスタンではひとつの集団（ブラフーイー）として存在する。

西のエラム（南西イラン）でも、またインダス峡谷（パキスタン東部）でも話された可能性がある。現在残っているドラヴィダ語は、よく知られているようにインド南部で使われる。語族の起源をそれが現在話されていない地域とするのは奇妙に思われるかもしれない。だが、それは妥当な想定である。というのは、三五〇〇年前ないし四〇〇〇年前にインド・ヨーロッパ語を話す集団がパキスタンと北インドへ進出したため、ドラヴィダ語を話す集団が起源の地から追われたからである。インドの先住民にたいするインド・ヨーロッパ語を話す集団の戦争がいかに徹底していて残酷だったかは、『マハーバーラタ』のなかに戦争の鮮明なイメージとして語られている。

第五の中心（中央アジア）は北へ、つまりほぼアルタイ語の地域への膨張の中心を示す。したがって、これをアルタイ語の起源の中心とするのが自然である。その後この地域からふたつの大きなひろがり、モンゴル人（紀元前三世紀）とチュルク語を話す集団（十一世紀から始まる）によるひろがりが起こったと見られる。もちろんそれ以前にも膨張は生じた可能性がある。モンゴル人とチュルク語を話す集団のひろがりに先立って、つまり紀元前三〇〇〇年から紀元前二〇〇〇年にかけて、この地域の一部はインド・ヨーロッパ語を話す者たち（トカラ人）によって支配されていた。

興味深いことに、東アジアから逆方向の移住が最初に示唆されたのはミッシェル・ハンマーによる仮説で、それは彼が日本とアフリカで見つけたY染色体での特異な突然変異体を基礎とするものだった。ハンマーの観察を支持する別の突然変異体をわれわれも発見した。ハンマー突然変異体の起源は必ずしも日本ではないかもしれないが、その移動の道筋は妥当で他から独立している。これに関係するハプロタイプは、Y染色体のⅢハプログループのアジア分岐とⅣハプログループらしい。

このひろがりによって、最古のユーラシア語族（スタロスティンがデネ・コーカサスと命名した）が生じ、おそらく四万年前にアジアを横断してヨーロッパに到達した。この語族は孤立語として隔離地（レフジア）に存在する。たとえば、コーカサスの一族のバスク語、北パキスタンのブルシャスキー語、ケト語（中央シベリアのエニセイ河に面する地域の語で、北西アメリカのナ・デネ語族の先祖の可能性がある）、それら以外の消失した関係の不明な諸言語（シュメールとかエトルリア語）などである。またデネ・コーカサス大語族に属するふたつの大きな語族であるシナ・チベットとナ・デネが、さらに広い地域に生き残った。それらは想定される起源の地域により近くて、語族のなかの他の分岐よりも大きな集団として残ったのだろう。

おそらく二万年前まではデネ・コーカサスがユーラシア大語族だった可能性がある。ちなみに何人かの言語学者が、二万年前をノストラ大語族の起源の時期としている。ノストラはデネ・コーカサスの後代の分岐だったかもしれない。おそらくそれは一万年前から二万年前にかけて起こり、ユーラシアでデネ・コーカサスに取って代わる語族、すなわちインド・ヨーロッパ、ウラル、アルタイを生み出したのだろう。グリンバーグのユーラシアはノストラの北アジアの範囲を東へ延ばしたものに相当する。グリンバーグによれば、それからはアフロ・アジアは除かれる。アフロ・アジアの地理的起源ははっきりしないが、ユーラシアよりも古く、アフリカで始まったという。

インド・ヨーロッパ語族

もっとも深く研究されている語族はインド・ヨーロッパである。その起源をきめる試みがつづけられてきたが、その結果は信じがたいほど分かれる。ドイツから北東コーカサスまで、バルティック海沿岸からスエズまで、多くの場所が提案されてきた。なかにはそれよりも突飛な説もある。それほど前ではないが、非常に人気のある説が考古学者のマルジア・ギンブタスによって提案された。彼女は、起源の地を黒海の北とし、最古のインド・ヨーロッパ語の話し手をアジアの草原のクルガン文化に結びつけた。だが、彼女が仮説を発表したときはまだクルガンの歴史がわかっていなかった。彼女は紀元前三〇〇〇年ないし三五〇〇年を想定したが、それは古すぎるとイギリスの考古学者たちによって否定された。だが、彼女の想定する年代が最近の発掘によって正当化されたように思える。発掘によって、馬が家畜化され、乗馬が始まり、この地域で馬がひく戦車がつくられた形跡が示された。

一九八七年コリン・レンフリュウが、インド・ヨーロッパ語は中東の新石器時代の農民によって北へ伝えられたとする説を出した。第四章で彼の著書を紹介したが、それはわれわれの仮説、すなわち新石器時代の農業は純文化的なプロセスとしてではなく、人口増加的なプロセスによってひろがったとする説を強化するものだった。インド・ヨーロッパ語のひろがりと農業の普及の対応は地理的にも示されるため、その対応を擁護したいという考えに駆られる。だが、農業と農民のひろがりに関する最初の研究で協力してくれた考古学者のアルバート・アンマーマンと検討した結果、言語との相関関係を避けることにした。というのは、文字による記録がなく、考古学は何もそれについて教えてないからだった。そうではあるが、人類学の理論から考えて、考古学者のレンフリュウは、インド・ヨーロッパ語が中東の農民によってひろがったと結論することに踏み切った。

まだ発表される前だったが、ケンブリッジ大学を訪れたときに私はレンフリュウの説を聞いた。その後さらに言語学の文献を通じて、エラム（南西イラン）の地域で約五〇〇〇年前に楔形文字で書かれた言語がドラヴィダ語であることを私は知って、再び農業と言語のひろがりの間の結びつきを考えるようになった。レンフリュウも私も独立に、ドラヴィダ語は中東が起源で、中東の農民によって東のパキスタンとインドにひろげられたとする説を提示した。だが、この本で私は、ドラヴィダ語の起源を肥沃な半月地帯より東に、カスピ海の南、東イラン、ないし北インドへ移すことにした。農業発展によって、最初の農民が話す言語のひろがりが促進されたと想定するのは、非常に理にかなったことに思われる。それは繰り返し起こっただろう。その例は他でも見られるだろう。だが、農業の発展は一万年以前ではないので、該当する語族は新しくなければならない。もしドラヴィダもアフロ・アジアもユーラシアより古いとするグリンバーグの説が正しいとすると、ドラヴィダ語の起源の中心は必ずしも中東と結びつかず、さらに東だったかもしれないのである。

語族の起源の中心というむずかしい問題に関係するもうひとつの興味深い点は、レンフリュウの仮説にまつわる。彼はインド・ヨーロッパ語の起源はトルコの地で、新石器時代の農民とともにヨーロッパにひろがったと主張する。移住者が言語を運ぶのは自明で、新しい地で誰にも会わなければ、新しい言語を習う必要はない。指摘せねばならないのは、農業がひろがる前のヨーロッパの居住民は（中石器時代人とも呼ばれるが）、その人口密度がきわめて低かった。彼らは狩猟採取者だったから、農業に適した土地とは地質的にちがったところに住むのを好んだ可能性がある。そうした前からの居住者と新石器時代の新移住者とは、とくに農業の拡大の初期、つまり、その後にくらべ農民の密度が低かった時期にはあまり接触しなかった。

レンフリュウの仮説が正しいとすると、最初の農業のひろがりと同じことになるインド・ヨーロッパ語のひろがりの時期は、九五〇〇年前ないし一万年前となる。この時代推定には問題があるように思われる。というのは、従来の推定（およそであったが）はそれよりも新しい時代（六〇〇〇年前）を示唆していたからである。そして後者の時代のほうが、ギムブタスによる五〇〇〇年ないし五五〇〇年前のクルガン起源説により合致する（普通名詞でクルガンは盛土の墳墓で、南ロシアでは宝物をあさる場所だった）。だが、ギムブタスとレンフリュウとの間に矛盾はない。逆にアルベルト・ピアッツアと私は、彼らの説が互いに補強しあうと考えている。この考えを受け入れるならば、つぎの点を言い添えておくことが役立つだろう。一万年前トルコの地で話されていたインド・ヨーロッパ語は最初のインド・ヨーロッパ語（プリ・プロト・インド・ユーロピアン）であり、それから四〇〇〇年後ないし五〇〇〇年後のクルガンで話されていたのは第二次のインド・ヨーロッパ語（プロト・インド・ユーロピアン）だった。

遺伝的にいえば、クルガン人がトルコの地から移住してきた中東新石器時代人の少なくとも部分的な子孫であることは明らかである。トルコからの農民が黒海の北にたどりつくには、ルーマニアを経て黒海の西か、または黒海の東岸へ、あるいはその両方へひろがっただろう。到着から程なくしてそれらの新石器時代農民は、他の地域にくらべそれほど多くはなかった馬を家畜化し、もっぱら牧畜による経済を発展させた。それによって、もっぱら農業をするには向いていない環境で、彼らは生き残るどころか繁栄した。この適応には時間を要したが、青銅を初めて使うようになると(約五〇〇〇年前)、彼らは膨脹する瀬戸際に立たされた。彼らは食糧も運搬手段も新しい強力な武器ももっていた。事実クルガン人の領域はかなりひろがり、その後三〇〇〇年ないし四〇〇〇年にわたって何度も拡大を繰り返した。その起源の中心はヴォルガ河とドン河の中間であったらしく、東は中央アジアへ、西はヨーロッパへと、両方に向けて何度もひろがった。いまもクルガン人はステップの西のほうでも東のほうでも広く見られる。

最初は東へひろがっただろう。東そして南に向かい、中央アジアを経てイラン、アフガニスタン、パキスタン、そしてインドへと進み、インド・ヨーロッパ語のいわゆる「インド・イラン分岐」を生み出した。その後この言語が、かつてイランからパキスタン、そしてインドにかけて話されていたドラヴィダ諸語のほとんどと完全に入れ替わった。ただ南インドまでは及ばなかった。インドの住民の皮膚の色は北方のヨーロッパ人にくらべ黒いけれども、そのほとんどはコーカソイドである。南部のドラヴィダ語を話す集団は、北部のインド人にくらべると、遺伝的にも少々異なり、色もより黒い。この地域では、少なくとも三つの民族の層が積み重ねられている。最古の規模も限られていた集団(前ドラヴィダ人あるいはオーストラロイド)については、不幸にしてくわしく研究されていない。彼らはオーストラリア先住民にある点で似ていたという。類似点は単に表面的だったかもしれない。いずれにしても彼らはアフリカからの最初の移住者のほぼ直系の子孫だった可能性がある。ドラヴィダ人についていえば、おそらく彼らが最初のインドにおける新石器時代農民だっただろう。だが、彼らがどこから渡来したか不明である。レンフリュウと私が仮説として提示したように、おそらく中東から、あるいは右で述べたように北イランか北インドから来たのだろう。残念ながら、インドの農業の始まりについてはよくわかっていない。

逆方向への、西方への、中央ヨーロッパと北ヨーロッパへのひろがりがつぎつぎに起こり、インド・ヨーロッパ語のケルト、イタリック、ゲルマン分岐をもたらした。北方へのひろがりがバルト・スラヴ語系のひろがりを起こしたが、これが最後のひろがりだっただろう。南方へのひろがりはそれほど成功しなかった。というのは、その地域はすでに居住者も多かったからである。だが、紀元前二〇〇〇年から紀元前一〇〇〇年にかけて、トルコと中東にはインド・ヨーロッパ語を話すさまざまな集団そして王朝が存在した。その例がヒッタイト人やミタンニ人で、おそらくその起源はクルガンだろう。

ギムブタスとレンフリュウの考えは、それぞれ単独であるよりも、組み合わされることでより合理的になることが、インド・ヨーロッパ語の樹の最近の研究で確かめられた。われわれはその研究を、一九九二年にふたりの言語学者のイシドア・ダイエンとポール・D・ブラック、そして統計学者のジョゼフ・B・クルスカルが発表した資料を用いて進めた。その資料は、初めてインド・ヨーロッパ諸語の間の類似性を量的に完全に分析したものだった。発表されたデータは、七〇あまりのインド・ヨーロッパ語における二〇〇の語について共通の起源の頻度を調べたものだった。すべての可能な言語の組み合わせを比較し、従来からの言語学の基準にしたがって共通の起源を示す語のパーセンテージを計算して、それぞれの組の類似性が評価された。たとえば英語の「マザー」とフランス語の「メール」は起源が共通だが、「ヘッド」と「テット」は起源を異にする。それらの語は、言語の分離の年代を推定するひとつの方法である「グロトクロノロジー」で用いられる標準リストに載っているものである。彼らは、主成分分析を進歩させたマルチディメンショナル・スケーリングという統計方法を用いた。彼らのデータにたいしわれわれは、遺伝研究のため開発された樹を作成する新しいふたつの方法を応用した。それによって、誰にも容易に追試できる幾本かの樹を得た。興味深いことに、それらはアウグスト・シュライヘルが創始した樹とかなり合致した。そこでの最大の差異は根の位置であるが、それはつねに評価がもっともむずかしい点である。

インド・ヨーロッパ語でもっとも重要なグループは、つぎの亜族である。ゲルマン（英語とスカンディナヴィア諸語を含む）、イタリック（紀元前二〇〇〇年から紀元前一〇〇〇年の間にラテン語をはじめとするイタリアの各地で話された言語を生みだした）、バルト・スラヴィック、ケルト、ギリシア、インド、そしてイランがそれである。ほとんどの言語学者はインド・イランをひとつの分岐と考えるが、ダイエンの一派は別々だとする。われわれの樹では、数個の言語、アルバニア、アルメニア、それより後代のあまりはっきりしないギリシアなどが古い別々の起源をもつ。消滅したヒッタイトやトカラなどは、われわれの分析では考えることができなかった。同じ樹が別のふたつの方法でも得られたが、それを図13に示す。

アルバニアやアルメニア（そして証拠が少ないがギリシア）のような孤立言語は、トルコの地か

図 13　63 のインド・ヨーロッパ諸語の系統樹。枝分かれの近くの数字は枝の信頼性を％で示す。図の下部の目盛りは年を示す。〔出典：Piazza, Minch, Cavalli-Sforza の未発表論文〕

らの新石器時代農民の第一波として始まったと考えるのが合理的である。それらの年代の古いことが樹のなかで早い位置の根拠になっている。いずれもそれらは地理的にトルコにもっとも近い。

われわれの分析では、インドとイランの諸言語は、インド・ヨーロッパ語の伝統でいうところのひとつのインド・イラングループに区分される。ただしクルスカルとその一派の結果とはやや矛盾する。

後代の分岐は、クルガンの地域からの第二波のインド・ヨーロッパ人の移住で生じたと思われる。すなわち、クルガンの西部から中央ヨーロッパ分岐が、またクルガンの東部からインド・イラン分岐が起こった。樹における枝分かれの順序が興味深い。ケルト、バルト・スラヴィック、イタリック、ゲルマンの各亜族は、起源の中心からの地理的距離とかなりよく対応している。樹の最初の枝はケルトで、いまでもヨーロッパの最西端で話され、したがってクルガンからもっとも遠い。つぎの分岐で、イタリック・ゲルマンとバルト・スラヴィックの枝が生じた。イタリック分岐はヨーロッパの南西部に移住した。古いプリ・インド・ヨーロッパ語であるバスク語に完全に取って代わることはできなかったが、イタリア半島ではエトルリア語に取って代わるのに成功した。ゲルマンの枝はヨーロッパ北西部、北部、中部に移住した。だが、ケルトによっても消されなかった古いインド・ヨーロッパ亜族と完全に入れ替わることはできなかった。バルトとスラヴィックの枝はそれぞれ北東部と南東部に移住し、ウラル諸語を話す古い居住者と競り合った。

最近フィラデルフィアのタンディ・ウオーナオたちが、まったく独自のインド・ヨーロッパ語の歴史の樹の分析を提起した。彼らの結果は全部発表されていないので、分析が困難である。彼らはとくに信頼できると思われる少数の語幹と、消滅したのを含むが、少数の言語を用いた。彼らの結論はわれわれのものと、主としてケルトの分岐の時期を非常におそくした点で異なる。この彼らの主張と、初期の全ヨーロッパへのケルト諸語のひろがりとのつじつまを合わせるのが困難である。また遅れてやってきたゲルマン語やイタリア系の語を話す集団によるケルトへの抑圧、それにともなうヨーロッパの北西端へのケルトの閉じ込めなどと整合させるのも困難である。用いられた語の数が少なく、結論の強さの統計的テストに欠けるのが大きな難点であり、それを別にすれば、それは非常に興味深い分析である。

バンツー人のひろがり

他にも多くのひろがりによって、新しい地域に新しい言語がもたらされた。われわれが知っている集団の人口的な拡大はほとんどすべてが元の言語の拡大をともなった。遺伝的に言語的に研究された先史時代のひろがりのなかで、バンツー人のひろがりには検討に値する興味深いものがある。東アフリカのナイル・サハラ、南アフリカのコイサンのような他の言語を話す種族との接触や彼らからの遺伝流にもかかわらず、バンツー人は遺伝的特性を保ち、そのため彼らは彼らの起源である他の西アフリカ人とやや異なる。彼らはナイジェリアやカメルーンから出発し、南へ移動し、大西洋岸をめざした。最初の拡大を起こした三〇〇〇年前のバンツー人は新石器を使っていたが、鉄の導入でその後さらにひろがった。ちょうど紀元の頃にバンツー人はウガンダとケニヤの大湖地域に到着し、さらに南へ、インド洋岸へ、また内陸部へとひろがった。この頃以降バンツー人が鉄器を多く使うようになったことが、考古学者によって発見されている。

西側からと東側からの南の大陸中心部をめざす流れは、最後にはひとつになった。一六五〇年オランダ人が喜望峰に上陸したとき、バンツー人が喜望峰から数百キロメートルの地点に達していた。それよりも早くバンツー人が西岸にそってナミビアに到達していたことは、考古学からも言語学からも明らかにされている。

ダーウインの予言

科学的な言語学の起源は一七八六年に求められる。その年イギリスの判事だったウイリアム・ジョーンズ卿が、自分が創設し総裁をつとめたカルカッタのベンガル・アジア協会の会議で、サンスクリット、ギリシア、ラテン、またケルト、ゴシック（祖ドイツ語）などの言語は共通の起源をもつという説を提唱した。サンスクリットとヨーロッパ諸語の類似性は、すでにフィレンツエの商人のフィリッポ・サセッティや、イエズス会士のクールドウによって気がつかれていた。インドのポンディシェリーからパリの碑文・文芸アカデミーへクールドウが、サンスクリットとギリシアとラテンの諸語は共通の起源をもつとする報告を寄せていたが、彼の結論はジョーンズの会議には何の影響も与えなかった。一八六三年にドイツの言語学者のアウグスト・シュライヘルがインド・ヨーロッパ語の起源を示す樹を発表した。それは現代の方法を用いてわれわれが描くものと非常に似ていた。生物学的な見地と言語学的な見地との間の結びつきは一目瞭然だった。確かにシュライヘルは、生物の進化の理論の説明としてダーウインが樹を用いたことに影響されていた。『種の起源』でダーウインは、人類グループの生物的な子孫の樹がわかれば、言語に関する樹を引き出すことができるだろうと明快に述べていた。だが、その努力は一九八八年まで試みられなかった。その頃まだ私は、恥ずかしいことにダーウインの予言の存在を知らなかった。一九八八年の論文でアルベルト・ピアッツア、パオロ・メノッツイ、ジョアンナ・マウンテンと私は、世界的な規模で遺伝学、考古学、言語学からのデータの相関をとったが、この共同論文を読んだ友人の科学史家が、ダーウインの予言を教えてくれた。ダーウインはつぎのように述べている。

「自然の体系は、家系図のように系統的な構造をもつ。分類に関するこの見解を言語の例で示すのは、たぶん有効であろうと思う。もしも人類の完全な系譜がつくられているとしたなら、諸人種の系統的配列は、いま世界中で話されているさまざまな言語にたいして最良の分類を与えるところのものとなろう。そして、消滅したすべての言語や、あらゆる中間的言語や、また徐々に変化する方言が、そのなかに包含されるならば、このような配列こそは唯一の可能なものであろうと、私は考える。」

『種の起源』――第一三章――

遺伝子と言語の相関関係は完全ではあり得ない。というのは、南北アメリカで起こったように、広大な領域の急速な征服では土着の言語が無関係な言語で置き換えられやすいかもしれないからである。だが、相関のすべての跡を消してしまうほど、そうしたことは頻繁には起こらなかったらしい。同様にして、異なる近隣の者と長く遺伝子交換が続くと、遺伝子が入れ替わることがあり得る。だが、混乱要因がふたつあるにもかかわらず、遺伝子と言語の相関関係はプラスであり、統計的にも有意である。

こまかい地理的レベルまで詳細に研究された地域においても、地理、遺伝、言語、その他の文化的要素、たとえば姓名などの間に強い相関が見られる。遺伝と言語のモザイクを見ていると、しばしば多くのひろがり——なかには歴史的に知られているが——そしてそれらの積み重なり、相互作用などの影響が浮かんでくる。もちろん混乱が起こる。だが、ほとんどの場合混乱といえども、遺伝子、民族、言語の間の明快な相関をぼやかしてしまうことはない。

言語の進化のモデル

言語の進化は非常に興味深いテーマである。この章でわれわれは、遺伝子と言語の類似性を説明することに限定してきた。だが、言語の進化は、より全体的な現象のひとつの例である文化の進化（つぎの章で分析するが）を理解する上で重要である。

ダーウインの示唆にしたがって、遺伝子進化の知見を用いて、言語の樹の昔の部分について仮説を立てることができる。図14は、遺伝子の樹から得られる多くの鍵を言語に関する情報と関連させ

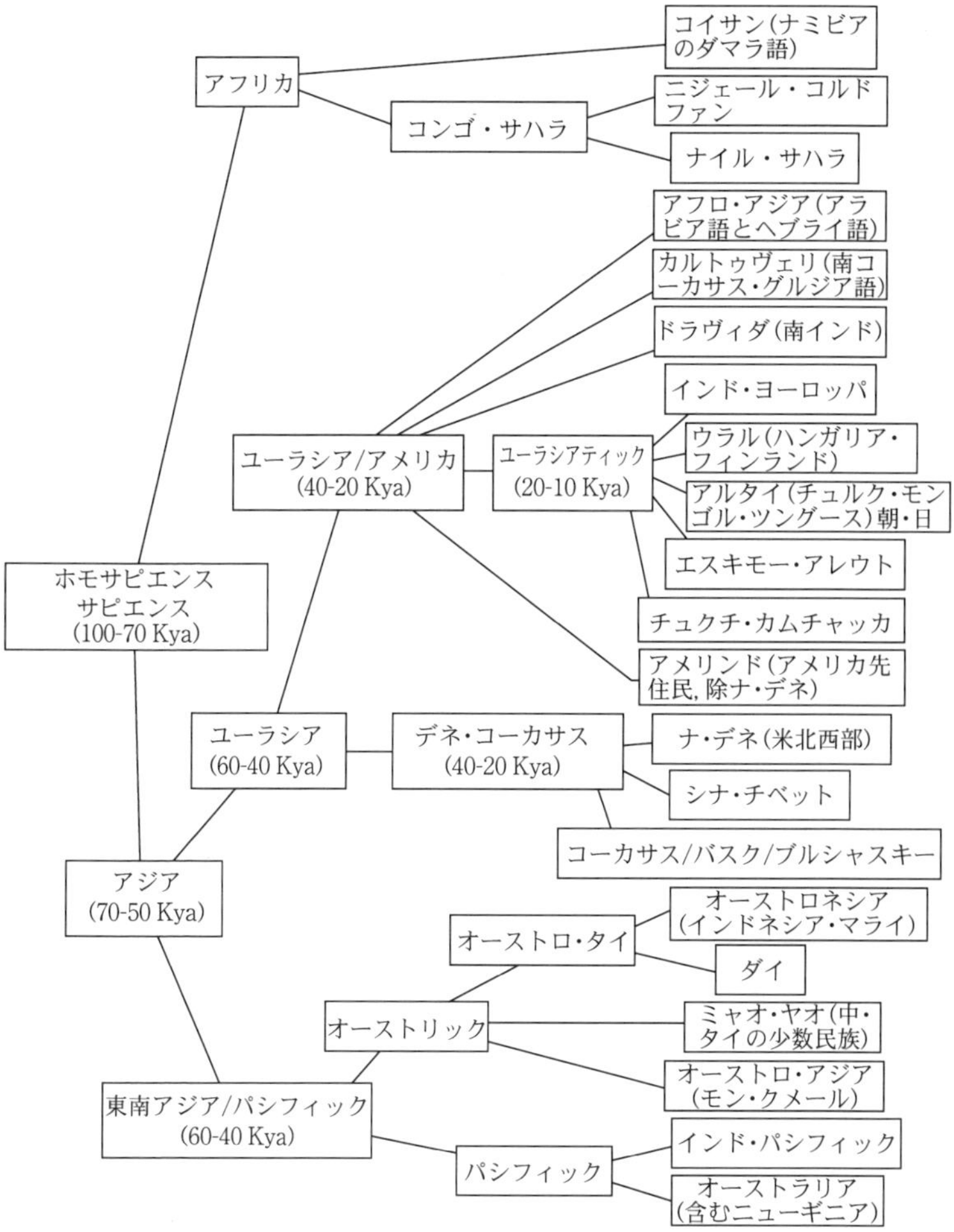

図 14　遺伝系統樹(図 12)をもとにダーウィンの示唆にしたがって描かれた人類の言語の系統樹。括弧内の数値は最初に分化した年代を示す（Kya は 1000 年前)。

て再現した言語の歴史を示す。われわれの一九八八年の遺伝子の樹をガイドラインとして使って、メリット・ルーレンがこの樹を描いた。だが、彼はその後の大胆な提案である新しい大語族を考慮に入れている。私は彼の樹に少々手を加え、およその年代を書き込んだ。われわれの遺伝に関するデータが完全に満足できるものになれば、言語の樹はこんな簡単のものではなくなるだろう。だが、それでも主要な特性は変わらないと思われる。

最古の語族はアフリカでなければならない。そのうちの四つがいまも存在する。コイサンが最古と考えられる。アフロ・アジアが最新である。ニジェール・コルドファンとナイル・サハラはおそらく共通の起源をもち（一部の言語学者はコンゴ・サハラ大語族を提唱する）、コイサンとアフロ・アジアの中間の時期に起こったに違いない。先に説明したように、最初にアフリカを離れた集団の直接の子孫がおそらくコイサンである。

アフリカに残ったアフリカ人の間での最初の言語の分岐によって、一方ではいまのコイサンに至り、他方ではコンゴ・サハラ大語族の祖語になる枝が生じたと見られる。アフロ・アジアははるか後代に、おそらく北東アフリカか、中東、あるいはアラビアで起こったのだろう。

ニジェール・コルドファン語族はふたつの枝から成る。非常に小さなほうがコルドファンで、西スーダンの大きな山脈にちなんで命名された。もう一方はニジェール・コンゴと呼ばれる。おそらく東アフリカから西へのひろがりがあっただろう。最初コルドファンへ、ついで西アフリカへ、あるいはひろがりは逆方向だったかもしれない。西アフリカでは、四〇〇〇年前から六〇〇〇年前にかけて、農業の導入にともなって人口爆発が生じたと思われる。私としては、考古学者たちが遺伝子の主成分分析から得られた遺伝的な鍵に注目するよう望みたい。それが示唆するところによると、それはマリとブルキナファソ（前のオートボルタ）の間で始まった。それから農業はナイジェリアやカメルーンから、バンツー人のひろがりとともにアフリカの中部と南部へとひろがり、南端に達するのに三〇〇〇年を要した。

西アフリカから始まった農業のひろがりは、森の狩猟採取者のピグミーの集団と遭遇した。アフリカでの私の研究の主たる対象は熱帯の森林地帯で、そこでピグミーは、農業者の到着にもかかわらず生き残った。いまでは彼らの数は非常に少なく、森が消えたところでは彼らの子孫は見かけられなくなった。残念ながら元のピグミー語はすべて消失し、近くの農業者の言語に取って代わられた。かつてのピグミー語の跡は、森の動物や植物の名前に残っているだけである。狩猟採取と農業の共存地帯の調査によって私は、狩猟採取から農業への移行を観察する機会を与えられた。いまもそれが進行中だが、やがてそれも終わってしまうだろう。ヨーロッパをはじめ各地の新石器時代における移行に関心をもつ考古学者は、世界の他の地域の似た状況で生じた生活のモデルをまだ見ることができるうちに、この地帯に滞在してみるべきである。近くの農業者は皮膚が黒いのにたいし、森に住む者はそれほど黒くない。

皮膚が非常に黒いアフリカ人の集団が――背が高く痩身でエレガントな体つきのため「エロンゲーテッド」としばしば呼ばれ、彼らのなかにはファッション・モデルとして良い生活ができる者もいるが――東アフリカとその周辺に住んでいる。言語的に彼らはナイル・サハラであり、彼らが居住する地域と起源がどこだったかを示す。ナイル・サハラ語族はおそらく八〇〇〇年前にサハラで牛の家畜化をはじめたが、砂漠化とともにそこを離れねばならなかった。いまでも彼らのほとんどは牛飼いである。

アジアの現生人類について、確定されている最古の年代は六万七〇〇〇年前である。それは中国で発見された。またニューギニアなどの大洋州への最初の移住は、早くて五万年前ないし六万年前、もう少しおそくて四万年前と考えられる。現生人類は陸を伝って、それともアジアの南の海岸を舟で、東アジアへたどりついたのだろうか。おそらく両方だった。最後の氷河期の終わりに（約一万三〇〇〇年前）北ヨーロッパで入植がすすんだときの速度が、考古学資料から推定されている。それは一年当たり〇・五ないし二キロメートルで、農業者の場合とそれほど違っていない。主たる制約要素は、人間の移動というよりも、氷河の後退速度だっただろう。海岸沿いのほうが速く移動できた可能性がある。出発点と想定される東アフリカを出て、この仮説的な海岸沿いの道をとり、東南アジアにたどりつくまで（一部は太平洋岸に沿って東アジアへと北上し、他はニューギニアやオーストラリアへと南下するために、どうしても到達しなければならない）、どれほどかかっただろうか。最短で一万年と推定してよいだろう。現代の冒険家が、先祖と似た条件で、この旅の一部を繰り返してみるかもしれない。いまの海岸の状態や海産物の入手可能性などがかつてとは異なるにしても、その冒険は多くの情報を与えてくれるだろう。東アフリカから東南アジアへ達するのに一万年もかかったとしても、平均移動距離は一世代当たり五〇ないし六〇キロメートル（年当たり二キロメートル）だっただろう。この値は、それから何千年も後の農業者の移動速度の約二倍だった。われわれがここで言っている生活様式は、現代はおろか歴史を通じても例が存在しなかった（ボルネオでのそれを除く)。そこで私は、それを遊牧的漁業と呼ぶことにする。だが、その人口増加のモデルは、移住と拡散をうながすだけのかなり活発な生殖があったという意味において、新石器時代の農業者の場合とそれほど異なってはいなかっただろう。もちろん幾世代にもわたって、一部は海岸沿いに定住し、また内陸部をめざし、他はあてもなく海岸に沿って彷徨していただろう。東南アジア、ニューギニア、オーストラリアへの定住によって、インド・パシフィック語族とオーストラリア語族への分化が起こった。アンダマン諸島人や東南アジアの他のネグリトと呼ばれる人たちが、東南アジアと大洋州への最初の移住者だったアフリカ人にもっとも近い子孫である。

中国や日本には、オーストラリアよりも早く移住者がたどりついていたかもしれない。そこはデネ・シナ・コーカサス大語族が最初にひろがった地域だった可能性がある。それが西へ移住し、中央アジアを経てヨーロッパへひろがったのかもしれない。ナ・デネの枝はシベリアへ移住し、その後(約一万年前)——アメリンドが最初に(約一万五〇〇〇年前ないし三万年前)北アメリカへ移住したあとをうけて——北アメリカへ移住した。

東南アジアを中心とする後代のひろがりのひとつが、オーストリック大語族のひろがりだった。この大語族は遺伝的に台湾先住民と東南アジアの南モンゴル人とを結びつける。アジアの第二主成分は、東南アジアを中心とする遺伝子のひろがりの可能性を示している。これはごく初期にも、また後代の農業の発展とともに繰り返し起こったかもしれない。というのは、主成分では、時代を異にするが起源を同じくするふたつのひろがりを区別できないからである。

ヨーロッパとアジアの間での双方向の移住とひろがりが繰り返されたことは、充分に実証されている。最後に属する西から東への移住で最近発見されたのは、インド・ヨーロッパ語族の移住で、四〇〇〇年前から一〇〇〇年前にかけて中国西部まで達した。だが、彼らの言語だったトカラ語は消失してしまった。最後に東のほうの中心からひろがった集団がモンゴル人で、中国と戦い、二二〇〇年前中国の皇帝たちをして万里の長城を造営させた。フンのアッティラ王にいたってはイタリアまで攻め込んだ。彼らと近いチュルク諸語を話す集団は、八〇〇年前から九〇〇年前にかけて中央アジアからひろがり、最後にはいまのトルコの地とバルカン半島にまで達した。

すでに述べたが、ヨーロッパから東アジアにかけてのほぼ連続的な遺伝子勾配（変化）は、すべてのこれらの移住の結果である。中央アジア人の多くは牧畜民か遊牧民である。言語、とくにユーラシア語族を構成する諸言語が、遺伝子の勾配に明瞭な不連続をもたらす。というのは、コミュニティはひとつの共通な言語を話さないわけにはいかないからである。そのうちのあるものは広くひろがり移動し、複雑な人類の地理を生ずる。政治的変化や戦争が比較的短期間のうちに言語の交替を強制する。そうした場合、言語と遺伝子の相関関係は完全ではあり得ない。だが、過去四〇〇〇年ないし五〇〇〇年にわたるユーラシアの歴史的波瀾にもかかわらず、その相関関係はかなり判然としている。

遺伝研究が言語の進化の理解を助けることができるし、その逆もあり得る。

第六章　文化の伝達と進化

人類は他の動物と、もっとも近い動物とさえも、文化の豊かさと、文化に与えられる重要さの点で異なる。文字通り定義すれば文化とは、それはわれわれに限られたものではなく、他の種においても観察される。人類学者が何百という文化の定義を提案してきたけれども、その多くは抽象的で技術を除外する。私はその逆をとり、もっとも単純でもっとも広い定義をくだしたい。文化とは、われわれの行動の進化で基本的役割を演じつづけ、今後も演じていく習慣と技術の集まりである。このような定義には動物の文化も含まれるが、それらは人類のものほど発達していない。というのは、動物のコミュニケーションは明らかにはるかに限られているからである。ところで、以上の定義に、文化とは他から、とくに祖先から学ぶものという点を付け加えねばならない。通常われわれ自身の努力で文化に付け加えるものは、独立の孤立的な学習によるささやかな革新にすぎない。ときどきそれらが他に伝えられ、文化の一部となり、将来の世代に役立てられる。ただひとつ文化の道筋によって、世代をこえて世界に関する知識が積み上げられていく。それによって、情報の蓄積から一世代という制約が除かれる。

両親（とくに母）の教育が鳥や哺乳動物ではもっとも重要である。生得の行動と並んで他にもさまざまな形の間接的教育がある。たとえば、鳥における刷り込みがそうである。生来的にひな鳥は、それが属する種もふくめ、殻からでた最初の数時間をともにすごした個体を母と同定する。鳥の種によって、このプロセスには複雑さに程度の差がある。刷り込みは人類にも見られる生物的な適応のひとつの形態である。だが、ほとんど研究されていない。その存在は、特定の学習における「受け身の時期」あるいは「臨界的な時期」によって認められる。

人類の教育は、もっぱら真似あるいは直接的教育（話あるいは書物）によって行なわれる。人類の教育のこれらのふたつの仕組みの間に形式的な差異を、通常われわれはつけない。つねに少なくともひとりの発信者とひとりの受信者と、その間を伝達される情報が存在する。言語はこの過程の効率を大幅に高め、人類文化のまさに基礎を形成する。何よりもそれによって、人類は非常に短い期間に環境に適応しそれを支配してきた。人類の進化を通じて言語は、他の種にたいする優位さを現生人類に与え、こんにちのわれわれの知識を複雑にすることを可能にした。

言語はひとつの革新であり、そこには生物的要素と文化的要素が関与する。それは器官と生理における自然淘汰の結果である。生まれながらにして子供は言語学習を好み、言語学習の能力をもつ。ネアンデルタール人も、やや劣っていたが、同様の能力をもっていたらしい（ネアンデルタール人の喉頭は長くなくて、われわれのように豊かな母音を発することができなかったといわれてきたが、それを支持する充分な証拠はまだ存在しない）。言語自体は文化的創造の成果であるが、それには精緻な器官と神経が必要である。その発達は次第に強化されていったと思われる。二〇〇万年前のホモ・ハビリスもある程度まで話すことができただろう。フィリップ・トビアスが調べたところによると、分析した六体のホモ・ハビリスの頭蓋骨には脳の左半球のとなりに大きなくぼみがあった。そこに大脳の隆起が存在し、これがブロカ領といわれる言語中枢である。トビアスの観察は、ホモという属における最初の種においてこの中枢がすでにかなり発達していたことを示唆する。それに似た隆起は猿類では見られない。

適応の手段としての文化

単純な生命体においても、学習能力は生命体のもっとも基本的な特徴のひとつである。文化、すなわち他の経験から学習する能力は、コミュニケーションに依存するひとつの特殊な現象である。コミュニケーションの速度と正確さ、そして学習結果を記憶する能力こそが、文化の効率を支配する要素である。もちろん文化は生物的な観点から有用であるため存在するというのでは充分ではない。だが、数通りの例によって、それが生物的適応で潜在的価値をもつことを実証できる。味覚や嗅覚だけでは、安全に食物を選ぶのに充分ではない。誰かからわれわれは、どの植物が毒で、どの動物が危険かを学ばねばならない。

文化によって、先行の発見を蓄積でき、祖先によって伝えられた経験、すなわちわれわれ自身のものではない知識から利益をうけることができる。原理的にいって、孤立した個人がほとんど何もないところから微分や積分を発見することはつねに可能であるが、その成功率はきわめて低い。ライプニッツやニュートンといえども、それらについて基礎的な貢献をする上で既存の数学的知識を使った。書くことが発明されるまで知識の蓄積は、個人ごとに異なる記憶によって限られてきた。現在ではそのような限界は消えた。現代のコミュニケーション手段が可能にする高速のアクセスのお蔭で、この二〇年ほど情報が豊かになり世界を変えつつある。その数年前までそんな変化は想像もできなかった。

文化とゲノムとは、ともに有用な情報を世代から世代へと蓄積していくという意味で似ている。自然淘汰のもとで適した遺伝子型を自動的に選んでいくことによって、ゲノムは環境への適応を増す。それにたいし文化的な情報は、別の人から受けとり選択的に保存されることで、ひとりの人の神経細胞に蓄積される。文化の伝達はさまざまな形で、すなわち伝統的な経路で（観察、教育、会話）、本、コンピュータ、その他の現代技術によって開発されたメディアによって起こる。

進化は新しい情報の蓄積によっても生ずる。生物の突然変異の場合、新しい情報は遺伝子の伝達の誤り（親から子への伝達でのDNAの変化）によって与えられる。遺伝子の突然変異は自発的である。つまり確率的な変化である。それが有益であることは稀で、多くの場合は何の影響もなく、ごく稀に有害である。自然淘汰によって、よい変異が受け入れられ、悪い変異が除かれる。たとえば中世の修道院における文書の写しまちがいのように文化における「突然変異」も、遺伝子の突然変異と同じように偶然で些細である。文書を写すときの書記の誤りによって僅かな差異が生ずる。そうした誤りの多くはおそらく偶然であり、不注意から起こる。だが、たまには書記が意図的に変える。文書の理解なり質を高めると考えてのことだが、それが後代の文献学者を迷わせる。

とはいえ生物的な突然変異と文化的な突然変異には、基本的な差異がある。文化の「突然変異」もランダムな事象で起こり、その点で遺伝子の突然変異と非常に似ているが、文化での変化は多くは意図的で特定の目的に向けられる。それに反し生物的な変異は将来の利益をめざすわけではない。しかも突然変異の段階でも、文化の進化は指向されるのにたいし、遺伝子の変化ではそうではない。

だが、革新のほとんどが真の優位をもたらすことはめったにないという印象を抱かざるを得ない。革新をそそのかす者はそれで利益を獲得し、個人や社会の状態を改善すべき革新は的外れで、無意味で不適切で危害を与える。政治の歴史はそんな例ばかりである。もっとも普遍的な誤りのひとつは、政治的熟練の遺伝可能性にたいする過信である。強力な指導者の息子が地位をあてがわれ父の跡を追うが、その影響には非常に失望されることが多い。この問題はメンデルの遺伝法則が予言するところである。というのは、親と子の相似性は平均して大きくはない。歴史が示すように、継承された王朝は短命である。権威をはがされると、しばしば王朝の象徴的な役割すらも適切に果たすことができない。だが、一般的に淘汰によって、社会的に有用な習慣と体制がつくられ維持される傾向にある。たとえ不完全でも有害でも、ある種の文化的変化が採用され永続し、ときに経験にもとづく修正をうける。習慣の連続的な変化によって特定の行為のそもそもの目的が忘れられ、歴史がないと規則や社会的取り決めの根拠を再構成するのが急速に困難になる。そのひとつの例で今後の研究に値するのは、経済的に原始的な文化における産児制限である。それは旧石器時代以後にすたれるまで、長く普通に行なわれていた。かつてもいまもピグミーやおそらく現代のすべての狩猟採取民の間では、子の誕生に期間を置くことで人口増加をコントロール可能な速度に低め、それによって破滅的な人口爆発を避けている。新石器時代になって、一般的にいえば農業の発展によって、はじめて人口は急速に増加をはじめた。というのは、農業社会ではより多くの人口を養えたからである。ピグミーは四年に一子以上を得ることを好まず、つづけて子をもつことは前の子を危険にすると信じている。これが人口増加の重要な制約になっているとピグミーが意識しているとは思えず、普通彼らはこの習慣に別の説明を与える。人口の均衡は重要で、異なる人々との平和的共存にとって必要である。その点では、遊牧する集団が何の苦もなく数人の幼児とともに移動する能力をもっていることも重要であり、必要である。四年おきの出産のため両親は一子しか抱く必要がなく、その結果として人口は均衡するか、増加するとしても僅かですむ。子と子との間に四年をおくにはきびしい自制を要する。ある研究者たちは、母乳を与えることによって排卵が抑えられ、妊娠が妨げられると考えるが、それだけでは不充分である。真実は、ピグミーは子が生まれたあと三年間は性のタブーを守り、妊娠を避けるのである。彼らは子の健康のためこのような犠牲を払う。無性交の期間による長期的な利益を考えてのことではない。だが、子の健康だけでは充分な動機になりそうもない。というのは、私が思うに、もし三年間の授乳で充分に妊娠が防げるならば、この性タブーは消えてしまうからである。旧石器時代に狩猟採取民の間で合理的な生殖習慣が生じ、人口増加がゼロ近くに保たれたが、それは意識されなかった。これが引き出せる結論である。

毎日われわれは選択に直面する。それは些細であるかもしれず、長くわれわれに影響するかもしれない。そうした選択は一種の「文化選択」である。自然淘汰とはちがって、つまり種のなかで自然的に最適の個体が選ばれる自然淘汰とちがって、文化選択は個体の選択を通じて進行する。もちろん最終的には自然淘汰が働く。というのは、われわれの文化選択にたいし自然淘汰が働くからである。もしわれわれの選択によって円熟完成に達し、それが再生産されるとすれば、特定の選択を生むわれわれの文化的な決定は(生物的な性向とともに)、自然淘汰によって促進されるだろう。したがって、文化的決定のそれぞれは二段階の制御を必ず受ける。第一に、文化的選択は個人の選択を通じて働く。第二に、自然淘汰が、生存と生殖への影響をもとに文化的選択を自動的に評価する。もし文化的選択と自然淘汰との間にプラスの相関を生み出し、文化的選択が生存と生殖に影響を及ぼすとすれば、文化的決定のそれぞれはまた自然淘汰によっても促進されるだろう。

文化が文化と自然の両選択に干渉し、選択を変えるが、自然淘汰が働いた結果である祖先から本能がわれわれに伝えられる。本能は非常に強く、それがないことは稀である。われわれの感覚や行為の多くは快適であるか、あるいは不快であり、それがしばしば行動を決定する。そうした本能的衝動を同定するにはかなりの反省を要するが、ある種の言葉がもつ感情的な負荷を認めることで本能の重さを知ることができる。「幸せにひたる」「権力に酔う」「悲しみに溺れる」など、言葉が文脈から感情的な含みを帯びるときに、われわれは本能に気づく。

多分このような感情的な色づけは大脳の構造に由来する。だが、詳しいことはわかっていない。脳の一部は人工的に刺激されると、快や不快の感覚を起こすことが知られている。この中枢は「強化センター(リワード・センター)」と呼ばれ、われわれの決定に影響を与える。ただし、それよりも高次の決定のレベルが存在しなければならない。というのは、われわれは苦痛をともなう決定もできるからである。そのためには、代わりとして犠牲をともなう苦しい決定を受け入れるだけのさらに重要な動機がなければならない。どちらにしても、快、苦痛、悲しみ、何かが将来起こるという期待がわれわれの決定を左右するのは明らかである。このレベルにおいて、文化的選択と自然淘汰とが分離する可能性のあることが容易に認められる。快感をもたらす薬物は死や不能の危険をもっている。性欲とエイズなどの性の伝染病についての知識との間の葛藤は、その現代における一例である。思わしくない診断結果を恐れて、助けてくれる筈の医師を遠ざけることもできる。ニューギニアのフォア族では、親族が死者をたべるという習慣があった。クールーという伝染病——恐牛病に似た病気がフォア族を襲ったときは、人食いをやめさせるには強力な説得を必要とした。彼らにとって人食いが祖先への義務と考えられたが、それによって病気が蔓延したからである。しばしば生物としての傾向と文化的な傾向は対立する。危害をさけるためわれわれは、すべての本能に、またすべての学習で得た衝動に、従ってはならない。

いかにして文化は伝達されるか

われわれは周囲から文化を得て、それを他人に渡す。だが、文化伝播の形態には区別が必要で、それは重要である。疫学から術語を借りてきて二通りの伝播の道筋を記述する。垂直伝播によって、親から子への情報の伝達を表す。水平伝播には、肉親関係のない個人間の道筋をふくめる。垂直伝播では進化は遅い。それは遺伝子の遺伝に似ている。時間単位が世代の推移だからである。それに反し水平伝播は急速に起こり、感染した個人と罹患しやすい者との直接的な接触で伝染病がひろがるのに似ている。

進化の速度を調節する能力によって、文化は非常に強力な要因になる。特別な形態の文化伝播は変化の速度に大きな影響を及ぼす。たとえば、ひとつの着想がひとりから多くの者に同時にひろがるときは、非常に急速な進化が生ずる。それにたいし人から人へ（口頭で）水平伝播される場合は、変化は遅い。そうした差異によって、文化の変化のダイナミックスと成功に重要な相違が生ずる。われわれはとくにふたつの側面を調べた。そのひとつは系時的な特徴の変化であり、もうひとつは同じ社会グループのメンバー間の、あるいは社会グループ間の変化である。スタンフォード大学のマーカス・フェルドマンの協力を得て私は、文化伝播の仕組みの差異の結果を理論的に研究した。

当然ながら文化伝播は二段階をたどる。最初に着想がコミュニケートされ、受け入れられねばならない。どんなコミュニケーションでも誤解や忘却が起こり、単に確信のないまま進行する。一般的にどんな革新も成功が保証されているわけではない。しばしば受け入れられるためには繰り返しを要する。着想の創始者が特別なカリスマ、特権の所有者、政治的なまた宗教的な権威者であれば、受け入れの成功率は高くなる。発信者と受信者の年齢も重要である。以下で説明する理論では、文化の革新が受信者によって受け入れられた場合に生じた伝播についてのみ考えることにする。

つぎのような形態に区分できる。数通りの垂直伝播、三通りの水平伝播、そしてひとりの伝達者とひとりの受信者、ひとりの伝達者と数人の受信者、数人の伝達者とひとりの受信者とに区別可能である。

（一）　垂直伝播は、ある世代のひとりのメンバーから次世代のひとりのメンバーの間で起こる。両側の間の生物的関係は必ずしも必要ではない。というのは、養子でも同等に受け入れられるからである。両親からの影響の程度は、実子であれ養子であれ、大きいのが普通である。この形態の伝播は進化的結果を及ぼす。とくに伝播が唯一の生物的両親、あるいは文化的「両親」（ユニ・ペアレンタル・トランスミッション）を通じて起こる場合、その結果は生物的伝達と非常に似ている。その規則は遺伝子の遺伝の単純な規則（たとえばミトコンドリアＤＮＡやＹ染色体）とほとんど同じである。垂直伝播は遺伝子の遺伝と同じように保存力が強い。変化は文化の突然変異を通じて、あるいは別の社会からやってきた、何か新しい教えるべきことをもつ人の移住を通じて導入される。祖父母から孫への伝播はさらに――二倍も――保存力が強く、数世代にわたる伝播によって長期にわたって重要な文化的特性が維持される。書くことで確実に垂直伝播は強められる。その例はプラトンやアリストテレスのようなギリシアの哲学者、あるいは聖アウグスティヌスや聖トマス・アクイナスのような大司教の影響である。文字に託される前の教典、儀式、教義の口頭による伝播は厳格な保存を可能にした。

（二）　水平伝播は伝染病の流行と似ていて、同じ世代あるいは異なる世代のふたりの個人――垂直伝播で認められるような明確な生物的あるいは社会的関係をもたない者の間で起こる。伝染病ではふたりの間で病気を伝える接触が非常に短いこともあるが、文化の伝播ではより長い接触を要するのが普通である。伝達者が両親ではないが、受信者よりも古い世代に属する場合、われわれは「斜めの伝播」と呼ぶ。それによってひとつの世代から他の世代への情報の伝達が保証される。年齢による集団の構造や、伝達者と受信者の年齢による伝達確率などのより完全な分析も可能であるが、そのための数理的処理は非常に困難である。

水平伝播に関する理論的問題は伝染病の疫学の研究で直面する問題と同じであり、後者については詳しく研究されてきた。その分析は水平伝播にほとんどそのまま直接応用できる。実際に文化の突然変異は文化の流行病を引き起こす。新しい文化的特性へ変えられた人数は時間を追って「ロジスティック」曲線にしたがって増加する。この曲線は初めが増加率最大で、ある一定の増加率に落ち、それが長くつづいたあと、最後に横ばいになり、最大値に達するが、それには集団のすべてが含まれることもあれば、一部しか含まれないこともある。地理的、社会的、経済的な障壁によって、文化の普及には第一次の制限が課せられる。伝播の成否は、変化をうける者にたいする着想の魅力をはじめとして多くの要素に左右される。答えねばならない問題は、文化的新しさが伝染病と似ているかどうかである。伝染病の場合、それが伝染的であるためには、宿主における寄生虫やウイルスの増殖能力が、ある閾値を越えていなければならないが、それは計算できる。

(三)　民族学のデータから判断して、農業が発展する前の狩猟採取者の比較的平等な社会にくらべ、社会構造は相当に複雑になった。社会グループの規模が大きくなるにつれて、首領と氏族の権威が必要になった。社会は階層化され、多くはきまった階層のなかで階級に分けられた。そうした条件のもとで首領の意志がグループの全メンバーに伝えられ、ひとりの個人から多くの他の者たちへの革新の伝達が容易になった。教育が形式化され、ひとりの教師が数人の学生をもつことで、同様の多重伝達が起こった。ひとりから多数への伝達の速度と効率は、現代のメディアで理論的限界に達しつつある。重要な出来事の情報は同時に一〇億人以上に伝えられる。この情報の時代においては、われわれが選ぶことができ、自発的に受け入れできる者たちのなかから出た多くのロール・モデル（役割の代行者）が、きわめて大きな影響を及ぼす。

強力な権威をもつ首領が革新の受容を強制するならば、文化の伝達は容易になり、速くなり、効率があがる。多くの社会変化が強力なカリスマ的な権威の意志の結果である。法王は新しい教義を提案する力をもち、教会から破門されないためには、信者はそれを受け入れねばならない。それほど深刻ではなかったが、イタリアでファシスト政権は、イタリア語にしのびこんだフランス語や英語にたいし宣戦布告して、言語の使用に影響を行使しようとした。また第三人称単数代名詞のレイの使用を抑え、第二人称複数代名詞のヴォイを尊称としようとした。第三人称単数の用法はスペイン語のウステドから来ている。それはアラゴンによる征服のあとスペイン系の王朝によって南イタリアに課せられた。しかしレイやその他の外国語の使用を廃止しようというファシストの試みは失敗した。ただし発明された言葉のアウティスタ（車の運転者）が、当時普通使われていたフランス語起源のショッファーに取って代わった。ショッファーはイタリア人には発音がむずかしかったからである。イタリア人にものごとを強制するのは容易ではない。ファシズム最大の成功は入党の強制で、男たちに党章をつけさせたことだった。どんな職につくにもそれを必要条件にすることで遵守された。

それよりも重要なのは、チベットからインドの一部にひろがった文化の変化である。一夫多妻制と一妻多夫制が普通のしきたりとなり、いまもつづいている。このふたつの多婚制がしばしば同じ村のなかで見られる。多数の男と多数の女との同時結婚さえもある。通常これらの多重婚における夫と妻は兄弟姉妹である。ということがこの制度の説明になるだろう。というのは、彼らは兄弟姉妹の間での遺産と農地の分割を回避しているからである。これはチベットのような最低の農業環境では深刻な共通問題にたいする非常に大胆な解決法である。よそではこの問題は、おそらく不公平だろうが、長子相続、つまり最年長の子（息子）がすべての財産を相続する制度を通じて解決されてきた。チベットにおける一妻多夫制の歴史はよくわかっていない。その記録は僧侶や僧院の文書によって保存されているかもしれない。ひとつの仮説が示唆するところによると、宗教指導者の同意を得た封建領主がこのような社会変革を試みることが許されたというのである。だが、こんにちそれはあまりにも極端だと思われる。私の家系でもつぎのようなことがあったのを認めねばならない。私の妻の三人の叔父、つまりブザッチー家の三人の兄弟のうちで、ディノはヨーロッパで有名な著述家であり、アドリアーノは私の遺伝学の先生であるが、ともにひとりの女性と結婚したいと宣言した。三兄弟のうちのふたりは結婚しなかった。おそらくそのような計画は実現できなかったからである。

（四）　逆のメカニズム——数人の伝達者からひとりの受信者——も非常に重要である。ひとつの社会グループで数人のメンバー（ときには全員）が新しいメンバーにしばしば心理的圧力をかける。ひとりの伝達者の影響よりも説得的な過程におかれて、それぞれ新来の者は自分が多くの側からの強い圧力の対象であるのに気づくことがある。このような「社会的圧力」は、核家族のような小さなグループでも起こる。多重の伝達者の一致した行動による伝達のメカニズムは「協調」と呼ばれてきた。協調は個人的差異を抑え、社会グループを均質化する傾向がある。という点で、それはもっとも保存力が強いメカニズムである。

家族はもっとも重要な社会グループである。メンバーに、とくに若いメンバーに、批判的判断力や抵抗力をまだもたないメンバーに大きな圧力を及ぼす。だが、われわれが知っているように、影響に抵抗できる者たちもいる。謀叛はあとからはじまる傾向がある。だが、この社会的圧力のメカニズムが抵抗にあわなければ、これが最強力になる。

エルヴェ・ル・ブラとエマヌエル・トッド（Le Bras, H. and Todd, E. 1981）が、最近フランスの社会学者のフレデリック・ル・プレの考えをさらに精緻にした。彼らによると、フランスには三つの家族の型がある。(1) 北西部の父権が絶対の家族。家族のメンバーに代わって戸主がすべてについて決定する。この慣習はケルトから受け継いだと思われる。(2) それにくらべ父権がゆるく、相互支持を強調し、子には、結婚し子を得たあとも自活できなければ、同居を認める。老人も家族と同居し、親族から保護をうける。この型の家族が南西部では一般的であり、その地域は、遺伝データによるかぎり元バスクの地域に相当する。(3) 完全な核家族で、北東部に多い。子は独立できなければ、結婚も子をもつこともできない。この慣習はフランク族の影響が大きかった地域でもっとも多く見られる。フランク族はゲルマン系で中世初期にフランスを征服し、その後支配をフランスの他の地域へ拡大した。興味深いことに、最近の歴史的研究によると、この型の家族はドイツでも、またアングロサクソンに征服されたあとのイギリスでも一般的だった。この制度は、その特徴のひとつとして、若者の移動を奨励し、工業の発展に向いた雇用を求めさせた。

ル・ブラとトッドは刺激的だが問題点をはらむ仮説を提起した。彼らがいうには、家族構造が政治に影響する。家族というミクロコスモスで得た慣習が、若者が社会というマクロコスモスに参加したとき、何がもっとも受け入れられるかをほとんど決めてしまう。家族のメンバーは、彼らが親しんできた家族生活とある程度似た社会組織を探す。これが理由で、南西フランスよりも北西フランスでは王朝的な権威的な組織が迎えられ、南西部では社会主義政党への投票が多く、北東部では自由な市場経済を主張する党へ投票する。トッドはこの分析を世界の他の地域にもあてはめた(Todd, 1990)。またフランスの家族の型による区分と遺伝的歴史との間に強い相関が見られるのも興味深い。ここで遺伝的な説明を求めることに価値があると私は思わない。家族ミクロコスモスと社会マクロコスモスとの合致にたいする社会学的説明は、われわれの文化伝播の理論と両立すると思われる。社会学的差異と遺伝的差異の相関は単に民族的な分離の結果にすぎない。底にひそむ太古の民族的差異が二〇〇〇年以上もやすやすと保存されてきたが、それは家族構造を保持してきたお蔭である。その保存自体も、家族構造が垂直伝播によって受け継がれ、社会グループのなかで強力な社会的圧力によって強化され、社会グループが若い感受性の強い新メンバーに影響を与えた、という不可避的な事実のためだった。

この仮説は独立にロザルバ・ググリエルミノたちの研究(Guglielmino, C. R. et al. 1995)によってても確かめられている。マードックの民族地図は、当面アフリカに限られているが、そのデータの分析でわれわれは、文化的特徴でもっとも保存されているのは家族的なものであることを見いだした。この研究によると、それ以外の文化的特徴で保存力が強いのはごく少なく、住居の形や構造や、社会進化の程度に応じたいくつかの社会経済的特徴などは急速に変化することはない。

マーカス・フェルドマンとわれわれのチームは、こうした伝播のメカニズム——社会的な革新が導入されたとき社会グループが進化する方式——の進化に及ぼす結果について研究した（一九八二年）。それは直接的に得られるのかどうか。われわれはそれを数理的にすすめることを選んだ。それは正確という利点をもつが、必ずしも読者に迎えられるわけではない。おそらくそのため人類学者はそうしたモデルに興味を示さなかった。だが、経済学者は違った。彼らには数学の使用は問題ではなかったからである。だが、ちょっと常識を使えば同じ結論に達することができるだろう。文化伝播の分析、とくに垂直と水平の伝播の区別、それぞれの主要な型の分析は、文化の継承を理解する上で不可欠である。この点は繰り返し述べておくだけの価値がある。

新しい行動は、それまで一般に受け入れられていなかった既存の慣習のひとつの変形であるかもしれない。いやまったく新しい発明かもしれない。両親が子に新しい行動を教える場合、それが受容される率は高い。というのは、子は成人よりも新しい着想を受け入れやすいからである。家族内での受け入れが成功しても、だが、遺伝子の遺伝のように、ひとつの家族から他の多くの家族、さらには社会の全メンバーへひろがるには、何世代にもわたる革新の伝播、あるいは他の伝播のメカニズムが必要である。

水平伝播の場合、集団を通じての革新の普及はより速い可能性がある（一世代のうちに起こることもある）。その学習が容易で、その結果が好ましければ、なおさらそうであろう。だが、伝染病のように、全集団に達する前に普及が止まることもある。

革新の採用速度は、ひとりが他の多くの者とコミュニケートするとき最大になる。権威ある政治的首領の決定は、特段の不利益でなければ全部下にただちに受け入れられる。歴史が示すところでは、多くの社会的な政治的な事柄が王朝によって、あるいはエリート支配層のなかの影響力のある人物によって完全に決定されてきた。現代社会では民主原理によって、一段と複雑な政治過程がつくられた。だが、政界やビジネスの分野の少数の者たちによって、多くの重要な日常的決定が支配され、それが維持されている。社会の階層構造によって、権力をにぎる上層から下層へと、一種の転換がすすめられる。

他方、第四の伝播メカニズム、いわゆる「協調」のもとでは（多くの人たちが同じ文化をつぎの世代のひとりの者に伝え、受けた者それぞれが同じことを繰り返す場合は）、革新が根づく率は低い。変化に同情的な個人は、彼が必要とする味方の間でも最初は抵抗をうける。革新が特段に有用でなければ、あるいは提案者にとって有利でなければ、成功しそうにない。

文化的特性はさまざまな手段によって伝播されるが、その手段はしばしば葛藤をもたらす。その種の葛藤は普通である。たとえば、家庭で教えられたのとは違う行動規則を学校で学ぶときとか、学校での友達が学校当局や家族と異なる意見をもっているときに、葛藤が起こる。その結果は、個人ごとに、文化の特徴ごとに、大きく異なる。

文化伝播の例

文化伝播は家庭と学校でうける教育から成り立つ。それには教育の明示的でない部分である慣習のすべてが含まれる。それらを個人は個人の経験を通じて獲得する。だが、そこでも意識的なまた無意識的な真似が重要な役を果たすに違いない。

相対的な寄与を区別するのは容易ではない。ふたりの友人、あるいはそれ以上に親しい関係にあるふたりの個人、たとえば長く一緒に暮らしてきた夫婦の間の類似性は、その両者が相互に学びあったもの、最初に彼らを引きつけたものの部分的な現れである。しばしばそれらがもつ力は強いので、一群の学生を調べることで、われわれは夫婦、親子、友人の間の類似性を調べることを試みた。四〇の質問を発し、学生にたいし学生自身と彼らの両親について、また両親にたいし両親自身と彼らの子である学生について尋ねた。平均して夫婦（学生の両親）の間の相関（類似性）が最大で、つぎが親子間で、最後が友人間だった。研究した特徴は、社会活動、習慣、余暇活動、迷信、信条などだった。

この研究でもっとも興味深い結果は、最高の相関は宗教と政治のふたつのカテゴリーにおける特徴で見られたことである。両カテゴリーで、両親の役割、つまり垂直文化伝播の役割の大きいことが示された。第一に、宗教や結婚での選択、またお祈りの回数で、子は母にいちじるしく似ていた。宗教の選択でそうであるのは驚くにあたらない。というのは、ほんど常に子の宗教は両親、少なくともその片方によって、子がまだ自分の好みを表明できない年齢のうちに選択されるからである。改宗が起こるとしても稀で、それは後年のことである。二十歳になって神への祈りをつづけることは、家族的制約以上のことを意味するように見える。残念ながらわれわれのデータは、祈りが子の生涯を通じて重要な活動だったかどうかを示していない。宗教の選択で母の影響が支配的であるとしても、父は、社会的というより精神的な決定である宗教活動の規則性に影響を及ぼす。そのため母と父の影響は同じであるように見える。子の政治的見解にたいする母と父の寄与は等しいように思われる。

親子の類似性の一部には遺伝的基盤があるということは常にあり得る。生物的伝播と文化的伝播の区別は必ずしも鮮明ではない。たとえば両親と子のＩＱ（知能指数）の類似性は完全に遺伝的であると長く信じられてきた。有名なイギリスの心理学者のシリル・バート卿は、熱心さのあまりか、屈辱的だったが、ＩＱの遺伝的基礎を「証明する」いんちきなデータを発表した。このバートのデータの捏造は、アメリカの心理学者のレオン・カミンのお蔭で明らかにされた。

ＩＱ研究の初期フランス政府が、まだ小さいうちから特別教育を与えるため、メンタルハンディキャップをもつ子を見つける方法の開発をアルフレッド・ビネーに委嘱した。だが、主としてアメリカの心理学者たちによってビネーの検査は「純粋な」知能――文化的社会的環境には関係がない知能――を測る尺度に変えられた。この見当違いの熱意がいくつかの重大な社会的誤りを起こし、そのすべてがまだ是正されたわけではない。ＩＱをきめる上で文化的伝播が強く影響することを明らかにするに際して、養子の研究が決定的な役割を果たした。一九八〇年と八一年のアメリカでの研究によって、個人のＩＱの変動の三分の一のみが生物的な遺伝によることが確立された。さらに三分の一は文化伝播によって説明可能で、残りの三分の一は他の特定できない、個人の生活経験におけるランダムな差異によると見られる。このような結果と、バートやそのアメリカにおける同僚たちの八〇ないし九〇％は遺伝によるとする説とは、何と遠く隔たっていることか。同様にして、白人にくらべアフリカ系アメリカ人のＩＱの平均値が低いのは遺伝的なものであるとするアーサー・ジェンセンの説は、イギリスやアメリカで白人の養子になった黒人の子の研究によって反証された。

社会的階層でＩＱが演ずる役割に関する理論もまた否定された。何の証拠もなしに一部の研究者たちは、社会の上層と下層の間のＩＱの差が遺伝的であるのは、ＩＱの高い者が自動的に社会の上層階級になるからだと主張した。だが、またしても別のフランスでの養子の研究によって、差異はもっぱら社会経済的なもので遺伝的ではないことが示された。

アメリカの黒人のＩＱの低さについては、まだ広範な偏見が存在する。アメリカ人の大多数が、それは遺伝的差異のためであり、短期間にはもどすことのできない強い社会的なハンディキャップのためではないと信じ込んでいるようである。『ベルカーブ』という本が熱烈に迎えられたことと、その人種偏見的なメッセージ――日本人のＩＱの平均値はアメリカの白人のそれよりも一一点ほど高く、ほぼ同じ差がアメリカの白人と黒人の間にあるといった情報にたいする反応をもとにした人種偏見的なメッセージとを対比すべきである。アメリカでの反応は、だからアメリカのハイスクールはひどいというものであった。

生物的伝播と文化的伝播についての混乱にたいする最善の保証は養子の研究が提供してくれる。だが、その研究はむずかしく経費がかかる。その理由は事例が多くないからである。もっとも野心的な研究では、別々に育てられた一卵性双生児を使う。だが、そうした研究は、例が少ないことと、双生児の初期の環境により彼らの育ちが必ずしも独立ではないことのため、制約をうける。だが、他の方法によって、文化的継承と生物的遺伝の混乱を抑えることができる。たとえば、親子の宗教的な政治的な類似性の調査では、われわれは一卵性双生児、多卵性双生児、通常の兄弟姉妹を比較した公開の研究データを使った。もし生物的遺伝のみが重要な要素であるならば、互いに似ている程度は、多卵性双生児と普通の兄弟では同じでなければならない。宗教とか政治信条の場合、多卵性双生児の間での類似性は一卵性双生児の間の類似性とほとんど同じだった。このことは、そうした特徴では遺伝はまったく働いていない（ごく僅かしか働いていない）ことを示している。家族背景が大きく影響する。宗教的特性が完全に、あるいはもっぱら母から伝播することを、ただ生物的に説明するのは困難である。ミトコンドリア遺伝子によって決定される生物的特性について母系伝達が存在する。だが、細胞にエネルギーを供給する細胞内の小器官にすぎないミトコンドリアが個人の宗教的信条に影響するとすれば、それは非常に驚くべきことだろう。

双生児の研究という間接的な方法によらなくても、われわれは文化伝播を直接的に研究できる。そのようにして生物的遺伝と他のメカニズムとの混同を避けるのである。ある種の特徴については人々に直接質問することができる。その結果、明らかになる記憶の奥深さにはしばしば驚かされる。人類学者のバリー・ヒューレットと協力して私は、アフリカのピグミーにたいして、狩猟、採取、料理、住居づくりなどの生活に必須の基本知識を誰から学んだかについて尋ねた。彼らはそれらの学習について完全に記憶していて、特定の技能をいつどこで学んだかまで記憶していることが多かった。集めた情報はその知識を教えた者に尋ねることで確認することができた。その八〇ないし九〇%は、両親からの伝達だった。ある種の技能は親のどちらかしか知らず、通常は同性の親から教育される。ダンス、歌、食糧の分配規則といった重要なコミュニティ活動、そして他のピグミーの社会の特徴に限って、両親の子にたいする教育にコミュニティのメンバーが参加する。年間を通じてピグミーが接触する他のアフリカの村人の寄与はほとんど農業に限られ、最近までもっぱら狩猟採取者だったピグミーにとってその農業もごく限られている。ピグミーは石弓のような狩猟用具の作り方や使い方を村人から習得してきた。その知識はピグミーの間で急速に普及した。われわれの観察ノートによると、数人のピグミーは石弓の作り方を村人から直接習ったが、ピグミーの父親が息子に教えた例がひとつあった。指導者も学校ももたず、小さな社会グループで組織されているアフリカのピグミーの社会のような伝統的社会は、村人がピグミーを支配しようとしても、近くの村人から独立を保つ傾向がある。したがって、文化伝播はそれぞれのグループ内で垂直の傾向があり、相互の水平的交換は非常に限られている。垂直伝播とグループのメンバーによる社会的圧力がピグミー社会を非常に保守的にしている。他方アフリカの農民は外部の者、たとえば宣教師などと接触し、ラジオも学校ももっている。

受け入れ時期の重要性

文化的に決定される特性は、遺伝的に決定されるものよりも簡単に変化する。明確な遺伝病の場合でも、その発症は晩年で、個体ごとに症状も非常に異なる。ハンチントン・コレラは二歳から八歳の個体を襲うこともあるが、ほとんどの場合、四十歳頃に発症する。だが、遺伝のパターンは非常に正確である。ある種の遺伝病は、ある種のアレルギーと同じように年齢がすすむにつれ消える。だが一般的に、遺伝的にきまる特徴は安定していて逆戻りすることは稀である。文化的特徴はそれと同じではない。すでに見たように、宗教で改宗が起こる。政治的帰属はかなり頻繁に変わる。だが、一部の文化的特徴はそれほどすぐには変わらない。ある種の行動は安定的であることが生物的要因から求められる。生物的要因が特定の年齢で変化が起こるようにする。換言すると、一生には敏感で決定的な時期がある。この現象は「刷り込み」〔学習可能な時期がきわめて短期間にかぎられ後から修正できない学習〕としばしば呼ばれる。

研究が不充分だが、明らかに決定的な時期は、第一言語と第二言語を学ぶ能力を支配する時期である。第一言語は生まれて一年目に獲得されねばならない。その他の言語は一歳以降に学習できるが、付加的に学習されることは稀である。思春期以降は、外国語の正しい発音を学ぶことが非常にむずかしい。

思春期以前も近親相姦のタブーを獲得する上で決定的な時期である。心理学者のエドワード・ウエスターマークが示唆するところでは、思春期前の兄弟姉妹の同居によって性的関心が低減され、他の哺乳動物とちがって人類では兄弟姉妹の間の近親相姦が稀であることが説明される。エジプトやペルシアのような古代の王朝は例外だったことが知られている。彼らの間では兄弟姉妹間の結婚が奨励されたが、この習慣は急速に消滅した。一部の社会、とくに中東やインドでは近親者間（叔父と姪、いとこ）の結婚がまだ多いが、これは別の現象である。

ウエスターマークの仮説が妥当かどうかが、台湾を対象にアーサー・ウオルフによって調べられた（Wolf, A. P. 1980）。台湾で結婚は、少年と同じくらいの年齢の養女との間で行なわれる。男子が生まれると、その親が女児を養女にとる。配偶者を買う社会では、幼児の養子は価格の安さを保証した。この習慣によって母親は、養女に夫に仕える術を教えることができた。ウオルフによると、この種の結婚は成功率が低い。離婚で終わることが多く、平均して生まれる子の数も少ない。この結果はイスラエルのキブツのデータとも矛盾しない。キブツで子供たちは一種のコミュニティ養育院でいっしょに育てられ、両親とあまり接触しない。そうした子供たちはいわば養子からなる大家族をもつ。同じキブツの子供の間ではめったに結婚は起こらない。便器にすわっているのを見慣れた者と恋に落ちるのはむずかしい。

人類社会の形成にとって決定的時期は他にも多くあるが、まだよくわかっていない。私が引用した例も充分くわしく研究されていない。さらなる調査に値するふたつの分野を指摘することができる。ジアンナ・ゼイ、パオラ・アストルフィ、スレッシュ・ジャヤカルたちが示すところによると、父の年齢が高い娘は自分よりもかなり年長の男と結婚する傾向がある。これはもっと一般的な現象の一部であるかもしれず、くわしく調べるに値する。われわれには、両親のうちの異性（娘ならば父）に身体的に（おそらく行動的にも）似た配偶者を選ぶ傾向があるように見える。この現象によって、小さな孤立した社会グループでいちじるしいが、同じ社会グループの個体間で観察される身体的な際立った類似性を説明できるかもしれない。同じ現象がグループ間の差異を拡大する。

心理学者たちの助けを得た調査でわれわれは、スタンフォード大学の学生の地域や物理的居住地にたいする性向を研究した。山地、平野、海岸、湖、大都市、スモールタウンにたいする好みはおそらく幼いときに形成される。私自身はとくに好みがないことに気づくようになって、この問題に興味をもつようになった。砂漠も田園も都市も、湿度が極度に高くないかぎり、私にはまったく同じである。その理由は私の両親が私が四歳になるまでに頻繁に居住地を変えたことによるのではないかと思う。アメリカでいえば、住む環境の重要性は、移民の定着地が故郷と似ている頻度に見られる。スタンフォードの学生についてのわれわれの研究で、幼児のとき頻繁に移動した者は特定の環境をきめるのに困り、どんな環境にも容易に適応することが確かめられた。われわれのデータではもっとも鋭敏な年齢を見極めることができなかったが、放浪的な傾向は文化的に受け継がれ、幼い頃に心理的に刷り込まれ、成長しても消すのがむずかしいことが示された。（ジプシー、ベドウイン、ベルベル、ツアレグ、ピグミーなどの）放浪する集団を多くかかえた政府というか国家は、彼らの放浪の習慣を変えるのがむずかしい。それが彼らの子弟の学校教育をすすめる上で深刻な問題になっている。放浪の自由は魅力的であり、そのもとで育てられたとすれば、定着するのは非常に困難である。

文化の進化の例としての言語

不思議なことに、言語の進化はそれほど研究されていない。厳密な量的分析の可能性は大きいし、研究にそれほど経費がかかるわけではない。言語の進化についての関心は十九世紀後半に起こり、進化の樹の方法が言語、とくにインド・ヨーロッパ語の分化の歴史に応用された。すでに述べたが、アウグスト・シュライヘルがこの語族の樹をつくったが、それは最近の研究にもとづくものと似ていた。他の言語、とくに近隣の言語からの語の借用の現象が明らかにされたが、もっとも研究された樹でも、ひとつの言語の変化は他の言語で生じた変化とほとんど無関係といった印象を与える。この点が樹の分析の応用可能性のひとつの前提である。われわれが知っているように、しばしば言語は広い地域にひろがり、地域的に分化した異なる変異（つまり方言）をともなう。またわれわれが気づいているように、ひとりの個人の生涯の間にさえも少し変化する。だが、昔の言語の知識は限られ、そのため空間的変化よりも時間的変化のほうがむずかしい。とはいえ、時間的変化はほとんど自動的に空間的変化を意味するので、基本的規則はどちらでも同じである。

言語の変化とは正確には何なのか。数通りの側面がある。音韻的変化は容易に気づく。ヨーロッパのどこの国でも、またアメリカでも、南北、東西でアクセントにかなりの変化が起こる。経験が乏しくても、その人の生まれをたやすく推測できる。語の発音は時間的に空間的に、しばしば大きく変化する。

もうひとつの音韻的変化の面は、言語の差異による音の貧富である。ポリネシア諸語はもっとも音の種類が少ない。母音はａ、ｉ、ｕの三つしかない。その対極が英語で（二重母音を含め）二〇以上の母音があり、それらは他のすべての言語に見いだされるものと異なり、外国人が英語を学びとるのを非常にむずかしくしている。母音の変化の速度はとくに驚くべきものである。ヴォルテールの言を注釈するならば、もし語源的再構築に子音があまり役立たないとすれば、母音は完全に無用であるとなるだろう。

セマンティックな変化（セマンティックの原義は指示）は語の意味の変化である。たとえば、フランス語のファムは第二の意味を獲得し、「女性」や「妻」を含む。イタリア語でドンナ（もともとは「世帯の主」を意味するラテン語のドミナからの派生）は「女性」を意味し、妻には（別のラテン語のムリエルに由来する）モーリエを使う。またイタリア語では、フェムミーナ（フランス語のファムと同根）も使うが、「女性」を意味し、「妻」という意味はない。

文法は言語のもっとも安定した部分であるが、時間とともに変化する。英語では、フランス語やイタリア語のように、文における語の通常の順序は主語Ｓ、動詞Ｖ、目的語Ｏ、つまりＳＶＯである。だが、ＳＶＯとＳＯＶが普通の順序であるが、さまざまな言語において可能なすべてとして八通りの語順が存在する。もっとも少ないのが、ＯＶＳ、ＯＳＶである。映画の『ジェディの帰宅』で、ジェディの主人のヨダはＯＳＶの文体を使って、「あなたのパパ　彼が　です」と云っていた。

これらの三つの言語の変化の様態（音韻、意味、文法）のいずれにおいても、空間的変化のほうが時間的変化よりも明らかで研究しやすい。ひとつの語の変化を、その語の発音される地域の境界を示す曲線を描くことによって、地図で示すことができる。その曲線はひとつの一様な地域を他の一様な地域と区分するので、「アイソグロス、等語線」と呼ばれる。多くの語の等語線をたどると、ほとんどの語が特異なパターンを示すのがわかる。つまり、発音の限界が語によって異なる。したがって、ひとつの他からはっきり区別できる言語、つまり方言が話される区域はどこかが問題になる。他の言語の影響を受けず、まったく整然とした形で言語が分化したかのように、樹のようにひとつのものとして言語を表すことは、単なる近似でしかない。

シュライヘルの研究の発表から五年後の一八七二年、彼の弟子のひとりのヨハンネス・シュミットが地域の言語の変化の重要性を強調して、ある点でシュライヘルの理論に反する理論を出した。シュミットによると、語の新しい形は、池に投じられた石による波のひろがりのようにひとつの地理的な地域にひろがり、近隣の話し手たちにさまざまな影響を及ぼす。このメタファは非常に当を得ている。まったく孤立した言語を表す樹のモデルとは違うからである。これらふたつの考えは両立するだろうか。

空間における生物的変異の理論が別々に数人の数学者によって二十世紀の中頃につくられたが、その結果のモデルは非常に似ていた。それは包括的に「距離による分離」と呼ばれ、遺伝子が統計確率にもとづく厳密な規則にしたがって地理的空間のなかでランダムに変化することを示す。そのなかでもっとも有意な規則性は遺伝距離（多くの遺伝子の平均から計算される）と地理的距離との関係である。地理的距離が増すとともに（常によりゆっくりであるが）遺伝距離が規則的に増大し、極大に達する。理論的曲線の形も実測の曲線の形も、ふたつの測定可能な変数によって決まる。その変数のひとつは突然変異率で、ふたつの場所の間の遺伝的差異を大きくする。もうひとつの変数は移住による近隣の者との間の遺伝子の交換率で、両者の間の遺伝子の類似性を大きくする傾向をもつ。したがってこれらの力は逆向きで、ある程度相殺する。

それと同じ数学的理論を言語の進化にも応用できる。突然変異（新しい形の遺伝子、対立遺伝子を生む）に相当するのが革新、つまり言語でいえば新しい音、意味、文法の発生である。移住はそうした変化を空間的に伝播させる。ウイリアム・ワンと私は遺伝子の距離による分離の理論をミクロネシアにおける言語の変化に応用した。そのもっとも興味深い結果のひとつは、語ごとに変化率が大きく異なることだった。遺伝子もそれぞれ突然変異率が異なるが、これほど劇的ではない。

すでに述べたが、ある種の語は、音韻的あるいは意味的のどちらかで見て、時間的にも空間的にも少ししか変化しない。そうした語は、長く分離されていた言語の間の関係を見いだすのにとくに役に立つ。だが残念なことにそうした語はきわめて少ない。その逆に非常に変化する語もある。非常に変化する遺伝子には多くの対立遺伝子があるように、非常に変化する語には多くの同義語が存在する。それはシソーラスで探せる。たとえば「ドランク（飲まれた）」には多くの同義語がある。というのは、多くの機会に使うことで多くのジョークを生み出してきたからである。それは「ペニス」でも同じである。語の変化の研究は心理について興味深い情報を提供するだろう。

だが、生物的突然変異と言語的変異との間には重要な差異があることを認めねばならない。遺伝子の突然変異は一般的に元の遺伝子に非常によく似ている。というのは、ごく僅かな変化で違った遺伝子になるからである。それに反し語はより複雑に変化する。同じ語幹が音韻の点で言語ごとに異なり、またそれが意味も変えていく。ひとつの語が無関係な多くの意味をもつことができる。こうした特性を考えて、遺伝子と語の間により大きな類似性を設けることができるだろう。だが、それがどこまで役立つかは明らかではない。

樹の理論が距離による分類の理論によって打破されるか。この理論も、シュミットの理論のように、地理的空間が均質であると想定する。だが、すでに見たように、それは正しくない。地理的障壁――内海、海洋、山脈、川などが、土地をいくつもの異なる区域に分ける。それらが移住を妨げ、遺伝子や語のひろがりを邪魔する。それによって孤立した集団間の差異が生ずる。それを間接的に示すのがわれわれの樹にほかならない。もし地表が均質で障壁がなければ、系統樹は役に立たない。というのは、距離による分離の理論が単純で充分な記述を与えてくれるからである。だが、もしより実態に近い像を求めるならば、遺伝的な言語的なパターンをつくった地理的な変化と歴史的事象を大幅に考慮しなければならない。そういうわけで、近似と実態のバランスのため系統樹が役に立つ。それをさらに精密にできるだろうか。

言語の問題にたいし距離による分離の理論を採用することで、シュミットの波の理論によって生じた問題点を解決し、シュライヘルの樹をもとにするモデルとのつながりを理解することができる。樹の理論も波の理論も、遺伝子や言語の変化は同じようにモデル化できるし、ふたつの型の進化の間の類似性と差異の探究に役立つことを明らかにした。基本的な進化のモデルでは、突然変異、自然淘汰、遺伝的浮動、移住の四つの要素が相互に作用して変化を起こす。通常は遺伝の研究はうけつがれた遺伝子や形質（メンデルによって明らかにされた形で両親から伝えられる形質）に限られるので、遺伝子の進化をそのように捉えることは、基本的要素である伝達の方式を無視する可能性がある。文化の伝播について一般的な点についてはすでに述べた。言語の伝播といっても、未開社会で子供が多くの時間をともにすごす家族のメンバー（母や姉など）から言語を習得することに注目することにしたい。通常そこでの伝播は垂直的、母系的、片親的と想定してよい。より進んだ経済のもとでは、子供の養育には数人の人が関係する。子供が学校に通うような年齢になると（文化と社会的階級によって異なるが）、先生や級友や友人からも影響をうける。そこでは言語の文化的伝播ははるかに複雑になる。ときに子供はある人に過度に注意し（言語についての考慮なしに）、その人の習慣、振る舞い方、話し方を真似る。その「役割モデル」になる人はその後代わることもある。発音は十三歳ぐらいまで変わりやすいが、それ以降は真似による変化は稀になり、うまく働かなくなる。語彙は出身の社会グループから得られるが、コミュニケートするより多くの人々にさらされることで一生を通じて増加する傾向にある。

したがって言語獲得で重要な要素である文化的伝播は、一連の異なる伝播メカニズムによって決まる。親族の寄与が非常に弱いこともあるが、その分を養い親が補う。伝播者のそれぞれが何かを提供できるので、ひとりの個人の言語は、（ひとりの影響が支配的かもしれないが）多くの異なる寄与が並置された言語の一種のモザイクになってしまう。思春期のあと生成された文化はかなり結晶化される。誰でも自分のアクセントをもつが、それは僅かに変化しているが、その人が育った環境でもっとも普通なものである。最初期に獲得したことの跡は、その後の社会的接触で覆われるにしても持続され、たとえば新しい学習環境に置かれ、うんざりしたときなど、ある環境のもとで再び現れることがある。

このような分析は、部分的に私の自伝でもあり、科学文献として非常に有益ではないかもしれない。だが、幅広い人々とコミュニケートするには、ある程度の単純化が必要であり許される。自発的にわれわれは相手が理解する言語を使うように、多くは無意識的に自分を制御する。この文化伝播の要素が、理解されないとき必要な修正をするという意味において、私が「協調」と呼ぶものである。

すでに述べたが、遺伝でも言語でも、突然変異すなわち革新はひとりの個人において自然に生ずる。そして最後は、多くの人々に受け入れられた場合、ひとつの集団の言語的遺産の一部になる。（突然変異がゲノムに採用されるように）ひとりの個人から発した変化が接触した多くの人々によって迎えられたとしても、完全に一体化するには何世紀もかかるかもしれない。遺伝では突然変異率ははるかに低く、代替の過程は完全に垂直伝達によって支配される。古い対立遺伝子が新しいものと完全に代わるには何万世代いや何十万世代も要するだろう。というわけで、なぜ、どのようにして、頻度の増大が起こるかを理解しなければならない。

遺伝学では「変異圧力」と呼ばれる現象に当たるが、変異の頻度だけで新しい語の普及と集団内での固定が促進されることは起こりそうにない。だが、われわれが知っているように、生物的進化におけるふたつの要素――浮動と淘汰も同様にして新しい語の代替率に影響するように働く。遺伝では浮動は偶然の効果である。私の考えでは、この遺伝的現象の概念をまったく同じように言語の変化に応用するのは困難である。遺伝的浮動は集団の個人の数と、また個人の生殖率の差異とに依存する。その点で誰もが等しくはない。両親あたりの子の数の差は通常小さいが、生殖率の高い者の影響が大きい。ヨーロッパでは、フランチェスコ・スフォルツアのような豊かなパトロンだけが三〇人以上の子をもつことができた。他の国々では、少数のサルタンが何百という子をもっていた。それに似た極端に誇張された状況が言語に応用される。一部の者はほとんど口をきかないが、一部の者は絶え間なく話す。コミュニケーションの量の差異は非常に大きい。さらにある種の発生源は他からより高く見られる。そうした注目される者が新しい語の使用を決めると、それは大きな影響を与える。理論のなかにそうした差異を組み込むのは困難だが、言語の変化ではある種の側面が遺伝の場合よりも明らかに重要である。話し手の地位の差異が浮動の力を大いに増すといえる。たとえば、かつては王室や貴族が言語の変化の多くを決定した。彼らが新しい語を導入すれば、それを学ぶのは必須だった。現代のわれわれの言語はラジオやテレビによって豊かにされる。もしひとりの人に特権が与えられ、新しい語をひろげ、それがひろく受け入れられると、それは極端な浮動の例といえるだろう。だが、特権という要素は浮動の要素として一般的でなく極端である。それは浮動よりも、文化的選択なり伝播のひとつの例と考えるほうが適当と思われる。明らかにこれは定義の問題である。ある場合は浮動とのアナロジーではっきりする。正確な統計や妥当な国際比較を得るのはむずかしいが、アメリカ文化が世界でもっとも宗教的である兆候が存在する。それには充分な理由がある。アメリカ人の宗教性は最初の入植者たちの強い影響からきているに違いない。アメリカ文化の大きな要素は十七世紀のイギリスからの移民によるものであり、彼らのほとんどは宗教的迫害からの自由をもとめてやってきた。アメリカ人の宗教性は文化的浮動の一例にちがいない。

言語学に生物学のモデルをあてはめるのは、いくつかの問題を起こす。そのひとつは完全にセマンティック（意味の取り方）にかかわる。主としてエドワード・サピアの影響をうけた言語学者は、「浮動、ドリフト」を別の異なる現象に使う。サピアは「言語的浮動は方向をもつ」と書いている。言語的浮動はひとつの特定の方向への傾向を指す。多くの似た例が認められるが、それはある種の言語的変化がある特定の方向へ向かって起こる傾向に起因するためだろう。そのひとつの例は「大母音推移（言語学者のイエスペルセンの用語）」である。それは十五世紀の頃に中世英語で起こった母音の変化の傾向である。それによって、i→ei→ai→a, a→e→ei, eu→au→ou→uu といった変化が生じた。サピアのいう浮動は発音に影響しただけでなく、言語の他のすべての面にも影響した。その具体例はあとで見ることにする。

言語学での「浮動」のこの使い方は遺伝学のそれとまったく異なる。遺伝学ではほぼ逆の意味をもつ。遺伝的浮動は遺伝子（対立遺伝子）の頻度にたいする偶然の影響である。それには方向はまったく欠けている。対立遺伝子の頻度が〇％あるいは一〇〇％に達すると、少なくとも失われた対立遺伝子が突然変異なり外からの移住によって再導入されるまで、その過程は停止する。偶然による遺伝子頻度のランダムな進化的変化を指示するため「浮動」という言葉を使うことは、この分野の数理的研究で貢献したスーウオル・ライトによって示唆された。それ以前はそれを最初に記述した人にちなんでハーゲドルン効果と呼ばれていた。もうひとり別の有名な数理遺伝学者が浮動理論に大きな刺激を与えた。それが木村資生で、「ランダムな遺伝的浮動」のほうがより正確であると示唆した。「浮動」は言語学や物理学などの他の分野で使われ、系統的な効果を規定し、偶然的効果とは反対である。

言語の進化では選択も、生物進化とは異なる働きをする。もちろんひとつの新しい語がそれを使う人の生存や生殖を増大させることはきわめて稀である。そうではなくて、それは文化的選択の問題である。語や発音や規則がわれわれに快感を与える。というのは、語が短く、発音しやすく、優雅であったり、尊敬する人が勧めたからである。王さまの言葉を真似たり、オックスフォード大学の教授のアクセントをよそおったりできる。だが、その逆の現象も人気がある。スラングが有効なように思われる。それは感情がこもっているからである。同様にして教育のある者がぞんざいな言葉を使いたがる。それはショッキングで力があるからである。すでに述べたが、階級の低い者が階級の高い者を真似る傾向がある。その逆もある。それによって循環が生ずる。イギリスの上層階級の間では、アングロサクソンの語よりもラテン語かその派生であるロマンス語を使うほうが優雅と考えられた。たとえば、「ナプキン」の代わりに「サーヴィエット」といった具合だった。だが、最近はアングロサクソン語が新しい威厳を獲得し、逆の傾向がはじまった。

ここまでのところ第四の要素――人と語の移住を無視してきた。こんにちでは人が動かなくても、言葉はひろがり得る。だが、かつては言葉は話す人といっしょにしか広がらなかった。民族グループはそれぞれ完全に同族結婚、結婚相手は特定の社会階級か地理的に近隣の者に限られると思いがちである。だが、実際にはほとんど常に地理的な、民族的な、社会経済的な諸グループの間で遺伝子交換があった。配偶者（普通は妻）が他の部族や村落からくる頻度は五％から五〇％までと、かなり大幅に変動する。言語学者のジョゼフ・グリンバーグの見解では、移ってきた配偶者は言語に新しさをもたらすという。クロード・アゲージュから私は興味深い規則を聞いた。それによると、島にすむ集団は言語的不活発性を示す。つまり、彼らの言語はほとんど完全に進化しなくなってしまう。これがアイスランドで生じた。アイスランドには九世紀にノルウエー人たちが移住した。いまのアイスランド人は昔のノルウエー人に非常に似ていて、アイスランド語を話す人たちはアイスランドへの入植、あるいはそれ以前の壮大な物語（サガ）をすらすら読むことができる。外部との接触がへり、それも十一世紀以降は事実上止まってしまった。それ以降は言語の新しさが届かなくなった。移住者の途絶は突然変異がなくなったのに等しい。新しい材料がないので進化が止まってしまった。毎年（ヨーロッパで最初の）議会が開かれるときにアイスランド全島の人々が集まるのが慣習になっている。おそらくそのため言語の島内での分化が過度にすすむのが防がれ、進化の速度を低下させたのだろう。

もうひとつ別の例が地中海の孤島のサルデーニアである。こちらはアイスランドよりも歴史が古い。沿岸はそれほど孤立していないが、内部は山のためローマ人さえも侵入を妨げられた。隔離されているだけでなく、サルデーニアの地理的特徴がことごとく地域の文化と言語の保存に適していた。そのため、いくつかの語と語尾がイタリア本土よりもラテン語に近いまま残った。

言語の進化の問題でもっとも興味深い面を述べずに、この問題から離れるわけにはいかない。それは語彙拡散（レキシカル・ディフュージョン）である。その重要性はウイリアム・ワンによって示された。語彙拡散はひとつの革新がある人から他の人へひろがる様態をいうのではない。ひとりの人の語彙のなかで、ひとつの語の変化が他の語に及ぼす影響を扱う。これがとくに重要なのは脳の働きを教えてくれるからである。脳は一連の規則にしたがって働くように思われる。それぞれの言語は多くの文法、発音、統辞について不規則性を保存しているが、規則が均質化し拡張される傾向にある。時代の経過とともに英語の動詞の変化はより規則的になる過程をたどっている。もうひとつの例は、アクセントの位置によって動詞と名詞に分化することである。「プレゼント」は、最初のシラブルにアクセントがあれば名詞で、第二シラブルにアクセントがあれば動詞である。一五七〇年はまだ三つの例（アウトロー、リベル、レコード）しかなかったが、一五八二年から一九三四年までの間に、八から一五〇へと着実に増加した。

一般的にいって語彙拡散は、さまざまな原因でひとつの語で起きた変化が、それと何らかの形で（普通は音韻的か文法的にか）関係する語に及ぶことを意味する。常にこの現象は最初ひとり、あるいは数人に現れ、その後他の人々へひろがる。つまり、ひとりのなかで関係する語へ、つぎに別の人々へと、二重の拡散が生ずる。

語彙拡散はきわめてありふれている。この考えにお目にかかったことがないため驚く言語学者もいるかもしれない。だが、グリムの法則と呼ばれる音の対応も語彙拡散の例と考えてよいだろう。その法則とは、サンスクリト語やギリシア語やラテン語のような古代語の文字、p、t、kは、英語では通常f、th、hに、ドイツ語ではf、d、hになることを説明してくれる（たとえばラテン語のパーテルは、英語ではファーザー、ドイツ語ではファーテルとなる）。英語の綴りの規則はルネサンス前に固定され、先に述べた大母音推移、つまり母音の発音の重大な変化が中世の末期に起こった。そのため英語の正書法はむずかしくなった。たとえば大母音推移より前は、mine, fine, thine

は書かれた通りに発音された。iはイタリア語のようにイと発音され、eはサイレントではなかった。その後iの発音はii,ei、近代英語ではaiとなった。イギリスの一部、とくにロンドンから遠い地域で古い発音が保存された。また他の地域では、aやoiのような発音も聞かれる。進化の観点からすると、さらに進んだ例もある。というのは、eiとかaiの形態をすでに通過してしまっているからである。母音の場合は変化は循環的なので、もとの発音にもどりやすい。そのひとつの理由は、音韻変化の起こる地域が限られているため、繰り返しが避けられないからである。循環が生ずるのは、変化のパターンに好みがあるためである。

ブラジルでは、語尾のtを英語のデントとかプレジデントのように発音する古い型のポルトガル語が南部に残っている。だが、北ではtch（チ）と入れ代わった。ラテン語でstあるいはscの前にはnがくるのが規則で、ヨーロッパの多くの言語にそれが保存されている。だが、イタリア語では多くの語でそのnが落ちた。したがって、英語のインスティチュート、インスタンス、インスクリプションは、イタリア語ではイスティチュート、イスタンツア、イスクリチオネになった。ふたつの意味を区別するのにnが役立つ場合は、一方では消え、他方では残った。たとえばイスピラーレ（吹き込む）、インスピラーレ（息を吸う）といった具合である。

似た意味や似た音へ変化が及ぶのが、語彙拡散の基本的な性質である。それが起こる速度はかなりのもので、ときに一世代のうちに生ずる。このことは、われわれの脳が規則にしたがって話すことを示す。人類の脳が規則にしたがって働かねばならないのは、特異な神経の構造にもとづくに違いない。ある病的な条件によって失読症が起こる。それによって脳の相当する部分が影響をうけるらしい。一部の失読症はある特定の家族で通常の遺伝子として遺伝されるらしいので、遺伝学の見地から研究される。僅かひとつの遺伝子が、複数形をつくるといった文法規則を使う能力に影響する。この家系で症状をもつ者たちの場合、単数形と複数形とを別々に習得した語にかぎって正しく使える。英語で（イタリア語でも）仮定法の使用が少なくなってきたのも、おそらく語彙拡散の例と考えられる。文法には特定の神経中枢の働きが必要と見られ、遺伝的欠陥やその部分を損なう脳の疾患によって、文法規則の使用が干渉をうける可能性がある。明瞭な病的な原因もないのに、同じような欠陥がひろがることがある。そうした事例の研究によって、かつてわからなかったが、語の使用に一貫性をもたせるメカニズムが解明されるだろう。語彙拡散は、言語機能を可能にするのと同等のメカニズムに依存しているに違いないからである。

人間性の未来

以下述べることが示すように、この節での私の意図はタイトルよりもささやかなものである。遺伝の観点からすると、われわれ人類の未来は非常に興味あるものではない。人類という種はおそらくそれほど進化しないだろう。いずれにしても、これまでのように速やかに進化しないだろう。文化の発展によって生物的進化の速度はみごとに低減された。自然淘汰は生殖率と死亡率に作用することによって、人類生物学で最大の進化要素だった。だが、医学の発達によって若死（生殖期になる前の死）が事実上なくなり、そのため〔生殖計画によって〕人口増加率が急激に抑制され、人口過剰が妨げられるようになった。つまり、若死がゼロになり、皆が結婚し、どの家庭もふたりの子をもつならば、自然淘汰はあり得ない。他方、人類集団の規模がつねに大きくなる一方であり、もうひとつの進化の原因である遺伝的浮動も、ほとんど凍結されてしまった。いまやわれわれは突然変異を危険と見るようになった。というのは、平均すれば害になるようなDNAへの変化だからである。そこで、できるならば、なぜ突然変異を止めないのかとなってくる。人工的に遺伝子を修正することで自発的進化における誤りを除くとすると、人類の生物的進化は完全に停止する。幸いに遺伝子工学で人間をつくる可能性はまだないので、「改良人種」をつくろうとする傲慢な馬鹿者を心配する必要はない。もちろん核兵器技術の管理などの特別な決議によって、未来の悪夢は消さねばならない。

ところで、現在ひとつの重要な遺伝的な変化が、集団の混合を増大させる移住によって起こっている。この過程がつづくならば、そうなりそうだが、グループ間の遺伝的差異は小さくなるだろう。だが、世界全体の多様性は変化しないから、同じ集団内の個人間の差異が増大するだろう。その結果、人種偏見主義の根拠はますます少なくなる。これはよいことである。

だが、厳密にいうと、世界全体の変異が不変だというのは正しくない。民族グループごとに現在は生殖率が異なる。ヨーロッパではほとんど停滞状態であるが、発展途上国の人口は爆発的に増加している。そのため金髪で肌の白い者の頻度は低下するだろう。人類の過剰な生殖を心配しない人々も、地球資源が養える限度をこえてまで人口増加をつづけることはできないのを間もなく悟るだろう。ということは、二、三十年以内に人口増加を止めねばならぬことを意味する。

明らかに文化の変化の速度は将来も増大しつづける。コミュニケーションが文化の変化の基礎であり、いまわれわれはコミュニケーション革命の真っ只中にある。そのためどうなるだろうか。ある程度までコンピュータがわれわれの脳の延長として働き、数値計算の能力を増した。人工知能はコンピュータの応用を新しい方向へ向けつつある。

事実そうだったが、旧石器時代の人類のコミュニケーションは、技術にもかかわらず、言語障壁によって限定されていた。まだコンピュータは人類の言語を自動的に翻訳することはできない。この問題を解決するのはむずかしいが、それも時間の問題で、充分に使える質の自動翻訳が可能になるだろう。おそらく現在よりも明確に話すことを学べるようになるだろう。それによってコンピュータは誤り少なくわれわれの考えを理解し翻訳するようになるだろう。最近の進歩からすると、それがコンピュータにとって困難というのは信じがたいことである。確かにわれわれの表現はしばしば不明確である。ときどきわれわれは互いの意図で混乱する。言語の曖昧さをへらすことによって、すばらしい詩を書くチャンスはへり、おそらくその対策が見つけられるだろうが、政治家は再選や利益のためではなく、選挙民のため明晰にそして生産的に考えるようになるだろう。

とはいえ、自動翻訳がわれわれのすべての問題の解決策ではない。コミュニケーションは確かに不可欠だが、あくまでもそれは第一歩である。たとえば、全世界に必要な倫理的価値をひろげることを実現しなければならない。どこの社会でも見られる欺瞞、憎悪、搾取、無制限な私利追求は不可避なのだろうか。われわれは悲観的でありすぎてはならず、人類はいつもその最悪の性質をさらすものではないことを認めねばならない。そうした破壊的傾向を引き出す条件を正確に知ることは、それを系統的に防ぐため大切である。人口過剰と貴重な資源をめぐっての極端な競争が破壊的傾向を増大させることは間違いない。社会的制御（ソーシャル・エンジニアリング）についてのわれわれの適性は限られているが、この分野の研究にもっと真剣にならねばならない。それによって、貧困、無知、人口爆発、人種偏見、麻薬中毒、犯罪、そして社会的な流行病や風土病などの社会的悪を終わらせるなり、少なくとも低減しなければならない。この点でのわれわれの努力を助けてくれるのは、有益な革新を妨げる保守主義の力の研究、急激な変化がまねく危険の研究、つまり文化の伝播の研究以外にはない。

訳者あとがき

本書の原著は、Luigi Luca Cavalli-Sforza, *Genes, Peoples, and Languages*, North Point Press, 2000である。

著者は一九二二年ジェノヴァ生まれ、ケンブリッジ、パルマ、パヴィアの各大学で研究と教育にあたり、一九七一年からスタンフォード大学に移り、現在もスタンフォード大学の遺伝学講座の名誉教授として、高齢にもかかわらず調査と研究の最前線に立っている。

彼の主著は、L. Luca Cavalli-Sforza, Paolo Menozzi, Alberto Piazza, *The History and Geography of Human Genes*, Princeton University Press, 1994で、発行からすでに数年を経て、彼らの業績は圧倒的として、与えられた高い評価は確定しており、遺伝人類学、文化人類学、考古学、言語学をはじめとする諸分野での必読基本文献となっている。

だが、なにぶんにもそれがA４判の本文だけで三八二頁(二段組)、付録のデータを合わせると一〇〇〇頁をこえる大著であるため、ひろく一般にとって近づきやすいものではなかった。とはいえ、学問的な金字塔だけにとどめておくのは惜しく、内容が革新的であり、社会的にも大きな意義をもつところから、一般向けの要約の出版が待望されていた。その要望に応えて、フランス語版、イタリア語版につづいて、やっと世紀の終わりになって英語版として本書が出された。

その間、著者は新知見（たとえば一九九五年発表の宝来聡たちによるミトコンドリアＤＮＡの系譜の研究、本文九七ページ参照）の評価と取り入れを怠らず、書き換えをつづけてきたため、論旨は一貫しているが、論証資料などの面で、フランス語版、イタリア語版、英語版とでは少なからず異なっている。念のためその点を本書の翻訳の開始にあたり原著者に問い合わせたところ、他の版との異同にこだわることなく、原著者の最新の見解の要約として英語版そのままを日本の読者に伝えてほしいとの返答があった。それにしたがって、最新の英語版を底本とした。

本書が扱う分野は、従来の学問分野でいえば、遺伝人類学、文化人類学、考古学、言語学、技術史などと実に広範多岐にわたる。それらが本書では、いわゆる学際的をこえて、英語版の序文に詳説されているように、著者が培ってきた新しい学問方法によって、文字通りひとつの総合学として結実している。発生的にいえば彼の学は総合学に相違ないが、彼のすぐれた結果をふりかえって彼の方法をただ総合としたのでは、何を言ったことにもならない。そこで訳者としては彼とその学派の方法の核心が高度情報処理にあることに着目して、インフォマティックス、それも最終的な対象がひろく文化にまで及んでいるところから、「文化インフォマティックス」と規定するのが至当と思うようになった。そのような検討をもとに、この訳書のタイトルは『文化インフォマティックス――

遺伝子・人種・言語』とすることにした。

本書の第一章で人種偏見の不当性、第二章と第三章で遺伝子分析から浮かびあがる現生人類の足跡、第四章で新石器時代のヨーロッパにおける人類集団の移動とそれにともなう農業の普及（これがヨーロッパの文明と文化の基盤になった）、第五章で現生人類の移動にそっての言語の分化の道筋、第六章で文化の伝達と人類の未来について述べ、つぎつぎに読む者を驚かせ、反省させ、思索をうながす。

それらの全体を通じて、いまからおよそ一〇万年前東アフリカから移動をはじめた集団が現生人類の祖先で、この集団が膨張をかさね、中東、アジアを経て世界へとひろがり、現在に至ったという一本の太い道が描きだされる。

この道筋は学界では受け入れられているが、なお広く一般に受け入れられているとは、残念ながら言い切れない。この肝心な点が受け入れられなければ、その道筋に沿って展開された過去一〇万年の人類の歴史についてのキャヴァリ＝スフォルツアの解明はすべて認められないことになる。この筋書きの受け入れを妨げる最大のものは、誰にも残っている人種偏見だろう。そのつぎは筋書きを支える証拠のほとんどが確率的現象で、しかも高度の情報処理を経ていることだろう。

どこの誰が抱く人種偏見であれ、それは必ず他の人種と自分たちは別で、彼らよりも自分たちのほうが優れているという思い込みを支えとする。自分たちと彼らは実は同じなのだというのでは、それは受け入れたくない。だから、キャヴァリ＝スフォルツアの示唆は認めたくない。認めたくない言い訳として、証拠は確率的現象であり、それも馴染みのうすい情報処理を経ていることを持ち出す。

だが、遺伝にはじまり、言語の発達、文化の進化にいたるまで、その本質が確率現象である以上、それについての証拠が数理的処理を経たものになるのは当然であって、これを決定的でないなどと言うのは、著者が指摘するようにまさにコペルニクス以前である（本文の一〜三ページ参照）。

この遅れから抜けるため、最新の学問の方法の動向の一端を学ぶため、伝えるため、本書が日本語でも読めるようにしたいというのが、本書の翻訳を思い立った動機だった。

最後になったが、かつて私のゼミに参加していた大石恭子さんが訳稿を通読してくれたことに感謝する。数々のコメントを寄せてくれ、それが訳の改善に少なからず役立った。また例によって、今回も何かと面倒をみていただいた産業図書の江面竹彦社長および西川宏さんに感謝する。

二〇〇一年七月

赤木 昭夫

Sutter, J. (1958) Recherches sur les effets de la consanguinité chez l'homme. *Bio. Med.* 47: 463–60.

Tobias, P. V. (1978) *The Bushmen: San Hunters and Herders of South Africa* (Human and Rousseau, Cape Town).

Todd, E. (1990) *L'invention de l'Europe* (Éditions de Seuil, Paris).

Turner II, C. G. (1989) Teeth and prehistory in Asia. *Sci. Amer.* 260(2): 88–96.

Underhill, P. A., Jin, L., Lin, A. A., Medhi, S. Q., Jenkins, T., Vollrath, D., Davis, R. W., Cavalli-Sforza, L. L. and Oefner, P. J. (1997) Detection of numerous Y chromosome biallelic polymorphisms by denaturing high-performance liquid chromatography. *Genome Res.* 7: 996–1005.

Underhill, P. A., Jin, L., Zemans, R., Oefner, P. and Cavalli-Sforza, L. L. (1996) A pre-Columbian Y chromosome-specific transition and its implications for human evolutionary history. *Proc. Natl. Acad. Sci.* 93: 196–200.

Warnow, T. (1997) Mathematical approaches to comparative linguistics. *Proc. Natl. Acad. Sci.* 94: 6585–6590.

Wolf, A. P. (1980) Marriage and Adoption in China, 1854–1945 (Stanford University Press, Stanford, Calif.).

Zei, G., Astolfi, P. and Jayakar, S. D. (1981) Correlation between father's age and husband's age: a case of imprinting? *J. Biosoc. Sci.* 13: 409–18.

Zei, G., Barbujani, G., Lisa, A., Fiorani, O., Menozzi, P., Siri, E. and Cavalli-Sforza, L. L. (1993) Barriers to gene flow estimated by surname distribution in Italy. *Ann. Hum. Genet.* 57: 123–140.

Zuckerkandl, E. (1965) The evolution of hemoglobin. *Sci. Amer.* 212: 110–18.

Nei, M. (1987) *Molecular Evolutionary Genetics* (Columbia University Press, New York).

Penny, D., Watson, E. E. and Steel, M. A. (1993) Trees from genes and languages are very similar. *Sist. Biol.* 42: 382–84.

Piazza, A., Minch, E. and Cavalli-Sforza, L. L. Unpublished manuscript on the tree of sixty-three Indo-European languages.

Piazza A., Rendine, S., Minch, E., Menozzi, P., Mountain, J. and Cavalli-Sforza, L. L. (1995) Genetics and the origin of European languages. *Proc. Natl. Acad. Sci.* 92: 5836–40.

Poloni, E. S., Excoffier, L., Mountain, J. L., Langaney, A. and Cavalli-Sforza, L. L. (1995) Nuclear DNA polymorphism in a Mandenka population from Senegal: comparison with eight other human populations. *Ann. Hum. Genet.* 59: 43–61.

Quintana-Murci, L., Semino, O., Bandelt, H-J., Passarino, G., McElreavey, K. and Santachiara-Benerecetti, A. S. (1999) Genetic evidence of an early exit from Africa through eastern Africa. *Nat. Genet.* 23: 437–441.

Rendine, S., Piazza, A. and Cavalli-Sforza, L. L. (1986) Simulation and Separation by Principal Components of Multiple Demic Expansions in Europe. *American Naturalist* 128: 681–706.

——— (1989) The origins of Indo-European languages. *Sci. Amer.* 261(4): 106–14.

Renfrew, C. (1987) *Archaeology and Language: The Puzzle of Indo-European Origins* (Jonathan Cape, London).

Ruhlen, M. (1987) *A Guide to the World's Languages* (Stanford University Press, Stanford, Calif.).

——— (1991) Postscript in *A Guide to the World's Languages* (Stanford University Press, Stanford, Calif.), pp. 379–407.

Saitou, N. and Nei, M. (1987) The neighbour-joining method: a new method for reconstructing phylogenetic trees. *Mol. Biol. Evol.* 4(4): 406–25.

Seielstad, M. T., Minch, E. and Cavalli-Sforza, L. L. (1998) Genetic evidence for a higher female migration rate in humans. *Nat. Genet.* 20: 278–280.

Semino, O., Passarino, G., Brega, A., Fellows, M. and Santachiara-Benerecetti, A. S. (1996) A view of the Neolithic diffusion in Europe through two Y-chromosome-specific markers. *Am. J. Hum. Genet.* 59: 964–8.

Sokal, R. R., Harding, R. M. and Oden, N. L. (1989) Spatial patterns of human gene frequencies in Europe. *Am. J. Phys. Anthropol.* 80: 267–94.

Sokal, R. R. and Michener, C. D. (1958) A statistical method for evaluating systematic relationship. *Univ. Kansas Sci. Bull.* 38: 1409–38.

Stigler, S. M. (1986) *The History of Statistics* (Harvard University Press, Cambridge, Mass.).

Howells, W. W. (1973) Cranial variation in man: a study by multivariate analysis of patterns of difference among recent human populations. *Peabody Mus. Archaeol. Ethnol. Harv. Univ.* 67: 1–259.

——— (1989) Skull shapes and the map: craniometric analyses in the dispersion of modern *Homo. Pap. Peabody Mus. Archaeol. Ethnol. Harv. Univ.* 79: 1–189.

Kimura, M. and Weiss, G. H. (1964) The stepping-stone model of population structure and the decrease of genetic correlation with distance. *Genetics* 49: 561–76.

Kruskal, J. B. (1971) Multi-dimensional scaling in archaeology: time is not the only dimension in Mathematics in the Archaeological and Historical Sciences, ed. Hodson, F. R., Kendall, D. G. and Tautu, P. (Edinburgh University Press, Edinburgh), pp. 119–32.

Kruskal, J. B., Dyen, I. and Black, P. (1971) The vocabulary and method of reconstructing language trees: innovations and large scale applications, ibid. pp. 361–80.

Le Bras, H. and Todd, E. (1981) *L'invention de la France: Atlas, Anthropologique et Politique* (Livre de Poche, Hachette, Paris).

Li, J., Underhill, P. A., Doctor, V., Davis, R. W., Shen, P., Cavalli-Sforza, L. L. and Oefner, P. (1999) Distribution of haplotypes from a chromosome 21 region distinguishes multiple prehistoric human migrations. *Proc. Natl. Acad. Sci.* (USA) 96. 3796–800.

Malécot, G. (1948) *Les Mathématiques de l'Hérédité* (Masson, Paris).

——— (1966) *Probabilité et Hérédité* (Presses Universitaires de France, Paris).

Mallory, J. P. (1989) *In Search of the Indo-Europeans: Language, Archaeology and Myth* (Thames and Hudson, London).

Menozzi, P., Piazza, A., and Cavalli-Sforza, L. L. (1978) Synthetic maps of human gene frequencies in Europe. *Science* 201: 786–92.

Morton, N. E., Yee, S. and Lew, R. (1971) Bioassay of kinship. *Biometrics* 27(1): 256.

Mountain, J. L. and Cavalli-Sforza, L. L. (1994) Inference of human evolution through cladistic analysis of nuclear DNA restriction polymorphisms. *Proc. Natl. Acad. Sci.* 91: 6515–19.

Mountain, J. L., Lin, A. A., Bowcock, A. M. and Cavalli-Sforza, L. L. (1992) Evolution of modern humans: Evidence from nuclear DNA polymorphisms. *Phil. Trans. R. Soc. Lond.* (B) 377: 159–65.

Mourant, A. E. (1954) *The Distribution of the Human Blood Groups* (Blackwell Scientific, Oxford).

Murdock, G. P. (1967) *Ethnographic Atlas* (University of Pittsburgh Press, Pittsburgh, Pa.).

Coale, A. J. (1974) The history of the human population. *Sci. Amer.* 231(3): 40–51.

Dolgopolsky, A. B. (1988) The Indo-European homeland and lexical contacts of Proto-Indo-European with other languages. *Mediterr. Lang. Rev.* (Harrassowitz) 3: 7–31.

Durham, W. H. (1991) *Coevolution: genes, culture, and human diversity* (Stanford University Press, Stanford, Calif.).

Dyen, I., Kruskal, J. G. and Black, P. (1992) An Indo-European classification: a lexicostatistical experiment. *Transactions of the Amer. Philosph. Society* 82: Part 5 (American Philosophical Society, Philadelphia, Pa.).

Efron, B. (1982) *The Jackknife, Bootstrap, and Other Resampling Plans* (Society for Industrial and Applied Mathematics, Philadelphia, Pa.).

Felsenstein, J. (1973) Maximum-likelihood estimation of evolutionary trees from continuous characters. *Am. J. Hum. Genet.* 25: 471–92.

——— (1985) Confidence limits on phylogenies: an approach using the bootstrap. *Evolution* 29: 783–91.

Gamkrelidze, T. V. and Ivanov, V. V. (1990) The Early History of Languages. *Sci. Amer.* 263(3): 100–16.

Gimbutas, M. (1970) *Proto-Indo-European culture: The Kurgan culture during the fifth, fourth and third millennia B.C. in Indo-European and Indo-Europeans,* ed. Cardona, G. R., Hoenigswald, H. M. and Senn, A. (University of Pennsylvania Press, Philadelphia, Pa.) pp. 155–95.

——— (1991) *The Civilization of the Goddess* (Harper, San Francisco, Calif.).

Goldstein, D. B., Ruiz-Linares, A., Cavalli-Sforza, L. L. and Feldman, M. W. (1995) Genetic absolute dating based on microsatellites and the origin of modern humans. *Proc. Natl. Acad. Sci.* 92: 6723–27.

Greenberg, J. H. (1987) *Language in the Americas* (Stanford University Press, Stanford, Calif.).

Greenberg, J. H., Turner II, C. G. and Zegura, S. L. (1986) The settlement of the Americas: a comparison of the linguistic, dental, and genetic evidence. *Curr. Anthropol.* 27(5): 477–97.

Guglielmino, C. R., Viganotti, C., Hewlett, B. and Cavalli-Sforza, L. L. (1995) Cultural variation in Africa: Role of mechanisms of transmission and adaptation. *Proc. Natl. Acad. Sci.* 92: 7585–89.

Hewlett, B. S. and Cavalli-Sforza, L. L. (1986) Cultural transmission among the Aka pygmies. *Am. Anthropol.* 88: 922–34.

Hiernaux, J. (1985) *The People of Africa* (Scribner's, New York).

Horai, S., Hayasaka, K., Kondo, R., Tsugane, K. and Takahata, N. (1995) Recent African origin of modern humans revealed by complete sequences of hominoid mitochondrial DNAs. *Proc. Natl. Acad. Sci.* 92: 523–26.

in human evolution: A study with DNA polymorphisms. *Proc. Natl. Acad. Sci.* 88: 839–43.

Bowcock, A. M., Ruiz-Linares, A., Tomfohrde, J., Minch, E., Kidd, J. R. and Cavalli-Sforza, L. L. (1994) High resolution of human evolutionary trees with polymorphic microsatellites. *Nature* 388: 455–57.

Cann, R. L., Stoneking, M. and Wilson, A. C. (1987) Mitochondrial DNA and human evolution. *Nature* 325: 31–36.

Cappello, N., Rendine, S., Griffo, R. M., Mameli, G. E., Succa, V., Vona, G. and Piazza, A. (1996) Genetic analysis of Sardinia. *Ann. Hum. Genet.* 60: 125–41.

Cavalli-Sforza, L. L. (1963) The distribution of migration distances, models and applications to genetics, in Human displacements: measurement, methodological aspects, ed. Sutter, J. (Éditions Sciences Humaines, Monaco), pp. 139–58.

——— (1986) *African Pygmies* (Academic Press, Orlando, Fla.).

——— (1998) The DNA revolution in population genetics. *Trends in Genetics.* 14(2): 60–65.

Cavalli-Sforza, L. L. and Cavalli-Sforza, F. (1995) *The Great Human Diasporas* (Addison-Wesley, Menlo Park, Calif.).

Cavalli-Sforza, L. L. and Edwards, A. W. F. (1964) Analysis of human evolution. *Proc. 11th Int. Congr. Genet.* 2: 923–33.

——— (1967) Phylogenetic analysis: Models and estimation procedures. *Am. J. Hum. Genet.* 19: 223–57.

Cavalli-Sforza, L. L. and Feldman, M. (1981) *Cultural Transmission and Evolution, A Quantitative Approach* (Princeton University Press, Princeton, N.J.).

Cavalli-Sforza, L. L., Feldman, M. W., Chen, K. H. and Dornbusch, S. M. (1982) Theory and observation in cultural transmission. *Science* 218: 19–27.

Cavalli-Sforza, L. L., Menozzi, P. and Piazza, A. (1993) Demic expansions and human evolution. *Science* 259: 639–46.

——— (1994) The History and Geography of Human Genes (Princeton University Press, Princeton, N.J.).

Cavalli-Sforza, L. L., Minch, E. and Mountain, J. (1992) Coevolution of genes and language revisited. *Proc. Natl. Acad. Sci.* 89: 5620–24.

Cavalli-Sforza, L. L. and Piazza, A. (1975) Analysis of evolution: evolutionary rates, independence and treeness. *Theor. Popul. Biol.* 8: 127–65.

Cavalli-Sforza, L. L., Piazza, A., Menozzi, P. and Mountain, J. L. (1988) Reconstruction of human evolution: Bringing together genetic, archaeological, and linguistic data. *Proc. Natl. Acad. Sci.* 85: 6002–06.

Cavalli-Sforza, L. L. and Wang, W.S.-Y. (1986) Spatial distance and lexical replacement. *Language* 62: 38–55.

参考文献

Ammerman, A. J. and Cavalli-Sforza, L. L. (1984) *The Neolithic Transition and the Genetics of Populations in Europe* (Princeton University Press, Princeton, N.J.).

Anthony, D. W. (1995) Horse, wagon and chariot: Indo-European languages and archaeology. *Antiquity* 69: 554–65.

Bailey, N. J. (1957) *The Mathematical Theory of Epidemics* (Hafner, New York).

Barbujani, G. and Sokal, R. R. (1990) Zones of sharp genetic change in Europe are also linguistic boundaries. *Proc. Natl. Acad. Sci.* 87(5): 1816–19.

Barbujani, G., Magagni, A., Minch, E. and Cavalli-Sforza, L. L. (1997) An apportionment of human DNA diversity. *Proc. Natl. Acad. Sci.* 94: 4516–19.

Barrantes, R., Smouse, P. E., Mohrenweiser, H. W., Gershowitz, H., Azofeifa, J., Arias, T. D. and Neel, J. F. (1990) Microevolution in lower Central America: Genetic characterization of the Chibcha-speaking groups of Costa Rica and Panama, and a consensus taxonomy based on genetic and linguistic affinity. *Am. J. Hum. Genet.* 46(1): 63-84.

Biraben, N.-J. (1980) An essay concerning mankind's evolution, *Population* 4: 1–13.

Bowcock, A. M., Kidd, J. R., Mountain, J. L., Hebert, J. M., Carotenuto, K., Kidd, K. K. and Cavalli-Sforza, L. L. (1991) Drift, admixture, and selection

マルチディメンショナル・スケーリング　107, 111, 202

み

見かけの友達　165
ミトコンドリア　*7*, 40
ミトコンドリア DNA　41, 93, 141

め

メキシコ　156
免疫　19

も

モンゴル人　195, 214

ゆ

遊牧的漁業　213
遊牧民　154, 158, 214
ユーラシア　173, 196

よ

四つの進化要因　49
ヨーロッパ人　92, 93
ヨーロッパの遺伝子　139

ら

ラクトース消化　54

る

ルーレン M. Ruhlen　172

れ

レイシズム　*2*
レイス　*3*
レオパルディ G. Leopardi　1
レフジア　188
レンフリュウ C. Renfrew　197

ろ

ロジスティック曲線　126, 225
ロンバルジア人　187

わ

Y 染色体　*7*, 98, 138, 162, 168, 192, 193

ね

ネアンデルタール人　41, 70
根井正利　183

の

農業革新　117
農業のひろがり　118
農業の普及の速度　125
脳の体積　71
農民　158
ノストラ　173, 196
ノーマン・コンクエスト　188

は

梅毒　130
バスク　141, 149, 160
バスク語　149, 175, 196
バスク人　137, 184, 189
発展途上国　119, 127, 254
ハンガリア語　186
ハンガリア人　142
バンツー　177
バンツー人　153, 190, 205

ひ

ピグミー　211, 236
PCA　105
皮膚の色　91
品種　55

ふ

ファシスト　226
フィンランド人　143, 190
夫婦　232
浮動　248
フラカストロ G. Fracastoro　130
ブルシャスキー語　184, 196
ブロカ領　217
文化　*2*, 215
文化選択　220
文化的原因　9
文化伝播　222
分子時計　95, 102, 171
フン族　154
分類　32

へ

平均結合法　44
ヘテロ接合体　55
変異圧力　246
ベングストン J. D. Bengston　176

ほ

方言　242
放射性炭素　104
宝来聡　97
放浪する集団　239
保守主義　256
ホモ・エレクトス　70
ホモ・サピエンス　70
ホモ・ハビリス　70
ポリネシア人　189
本能　221

ま

マイクロサテライト　101, 162
マラリア　155

数学　3
ステップ　154
snips　103
刷り込み　216
スワデシュ M. Swadesh　170

せ

性淘汰　12
世界人口　116
絶対遺伝年代決定法　101, 103
染色体　21
線陶器　136
線文字A　146
線文字B　149

そ

創始者効果　50, 129
族内婚　36

た

ダイアスポラス　116
大数の法則　24
第二言語　237
大脳　221
大母音推移　248, 251
対立遺伝子　15
台湾　153
ダーウイン C. Darwin　12, 32, 43, 47, 69, 77, 206
多型　47
多婚制　226

ち

地中海貧血　55
知能指数　233
中国　153, 213
中国人　182
チュルク語　195
チュルク諸語　214
チンパンジー　161

て

DNA　84
『DNA人類進化学』　97

と

陶器　123
等語線　242
突然変異　20, 49, 53, 54, 84, 218
渡洋航海　118
ドラヴィダ語　198
ドラヴィダ諸語　194
ドリフト　*4*, 248
トルコ語　188

な

内戦　116

に

日本　119, 123, 155, 163, 178, 193, 213
日本海　155, 193, 194
日本人　154
人間性の未来　253

ぬ

ヌクレオチド　19, 84

穀物　121
穀物農業　117
語族　166
固体間の差異　35
ゴビノー J. A. Gobineau　14, 92
『コペルニクス』 1
コミュニケーション　217
コミュニケーション革命　255
孤立語　175
コンティキ号　189

さ

最古の陶器　119
最小進化　81, 87
最小進化の樹　91
最大節減　81
斉藤成也　183
最尤法　49
雑種強勢　55
サハラ　151
サハラ砂漠　150
サヘル　150
サーミ　141
サーミ人　143
サラセミア　55, 156
産児制限　219
サンスクリット　206

し

CEPH　86
自然淘汰　49, 53
シナ・チベット言語　181
社会的制御　256
種　43
宗教戦争　116
宗教の選択　233
主成分　159
主成分の目盛り　135
主成分分析　105, 111, 132, 137, 202
術語　*1*
『種の起源』 207
シュミット J. Schmidt　242
主要組織適合抗原遺伝子複合体　23
シュライヘル A. Schleicher　202, 206, 240
『ジュラシック・パーク』 40
狩猟採取民　157
常染色体標識　94
植民　65, 74
ジョーンズ W. Jones　206
シルクロード　123
進化速度　62
進化速度一定の樹　88
進化の樹　43
人種　*3*, 29, 47
人種的純潔　14
人種偏見　*2*, 6, 92, 256
新石器移行　118
新石器時代　120
人体測定学　77, 78
人類ゲノム多様性計画（HGDP）　85
人類多型研究センター　86
人類の進化　111
人類の多様さ　37

す

垂直伝播　222, 224
水平伝播　222, 224

エッツイ　40
エトルリア語　204
エリート　231

お

オーストラリア　156
オーリニヤック型の石器　162
音韻的変化　171, 240

か

外国語教育　72
改良人種　254
科学　3
科学の術語　*1*
学際的研究　38
学際的なアプローチ　*2*
カースト　158
化石資料　39
家族の型　228
カッサバ　152
カナリア諸島　150
鎌状赤血球貧血　55, 156
カリスマ　223

き

樹　111
技術革新　71, 73, 117, 125
木村資生　248
旧石器時代の人口　113
協調　227, 231, 246
ギリシア　146
ギリシア人　160
近親相姦　238
ギンブタス M. Gimbutas　197
近隣結合法　81, 183

く

偶然　*4*, 77
グリムの法則　251
グリンバーグ J. Greenberg　168, 174, 198, 249
クルガン人　199
クルガン文化　146, 160
クレタ文明　146
グロトクロノロジー　171, 186, 202
クローン　14
軍事力　157

け

系統樹　80
ケルト諸語　187
言語　72, 165, 216
言語中枢　217
言語時計　171
言語年代学　171, 186
言語の樹　177
言語の進化　166, 170, 186, 208
言語の発達　114
現生人類　10, 69, 99
現生人類のひろがり　113
現代のメディア　225

こ

コイサン諸語　192
コイサン人　192
航海術　114
航海術の進歩　73
黒人系アメリカ人　90

索　引

あ

IQ　233
アイスランド　37, 250
アイソグロス　242
アイソレイト　175
アウストラロピテクス人　69
アクセント　251
アダム　98
アフリカのイヴ　93, 96, 161
『アメリカの言語』　168
アーリア人　159, 188
Rh 遺伝子　22
Rh 式　17
Rh マイナス遺伝子　128

い

イヴ　98
移住　50, 71
一卵性双生児　235
遺伝学　18
遺伝距離　25, 80, 117
遺伝子　21
遺伝子の起源　109
遺伝子の合成地図　128
遺伝子の年代決定　161
遺伝子頻度　47
遺伝子流　50
遺伝的多型　16
遺伝的浮動　*4*, 50, 116, 129, 254
遺伝の樹　177
遺伝の基礎法則　15
遺伝マーカー　19
意味の変化　241
イムノグロブリン　78
イムノグロブリン遺伝子　29, 59
インド・ヨーロッパ語　145, 195, 202
インド・ヨーロッパ語族　172, 197

う

馬　197

え

英語　251
ABO 血液型　51
ABO 血液型の遺伝子　128
エチオピア人　180
HLA　23, 77
HLA 遺伝子　60

<訳者略歴>

赤木《あかぎ》　昭夫《あきお》

1955年　東京大学文学部英文学科卒業
1955年　NHK入局
1971年　NHK解説委員
1990年　慶應義塾大学環境情報学部教授
現　在　放送大学教授

文化インフォマティックス —遺伝子・人種・言語—

2001年9月6日　初　版

著　者　ルイジ・ルカ・キャヴァリ=スフォルツア
訳　者　赤木昭夫
発行者　江面竹彦
発行所　産業図書株式会社
〒102-0072 東京都千代田区飯田橋2-11-3
電話　03(3261)7821(代)
FAX　03(3239)2178
http://www.san-to.co.jp
装　幀　戸田ツトム

ISBN4-7828-0138-6 C1010

中央印刷・小高製本